U0076632
かん

貓咪心理學

健康×習性×日常照顧的貓奴必修課

藤田和生、CAMP-NYAN／監修
何姵儀／譯

前言

全世界掀起了一股空前絕後的貓咪風潮。

市面上雖然有不少由獸醫等專家解說貓咪飼養方式與身體構造的書籍，不過這本書卻有所不同，因為這是一本將焦點放在貓咪「內心」的書。貓咪豐富精彩的精神世界，將由心理學專家來為大家導航。

無論古今，貓咪都是人類的最佳伴侶。只要了解貓咪的心，定能找到一個與貓咪生活得更加快樂的方法。

雖然你總是冷淡
但是心裡
應該是思緒萬千吧

我想要更了解
你的一切

如何利用本書

等門

漫畫

以詼諧有趣的方式畫出貓咪的習性與飼主的愛貓故事。不僅可以獲得共鳴，而且還能夠增加了解貓咪內心的知識。

注意

※貓咪的習性與行為會隨著年齡、性別與成長環境而出現個別差異，因此一定要採用適合自家貓咪的方式，並且投入關愛來養育。

可別錯過
卷末會讓人
噗嗤一笑又實用的
「喵～語辭典」
（P174）！

詢問者圖示

貓山紗香　犬山風太　坂上華子
提出的問題（請參照P8～）。

貓咪會等門是因為牠們聽得出腳步聲嗎？

家裡的貓咪只要我一下班回到家，就會坐在玄關等門。這是不是牠們知道我回來了的關係呢？

如果是這樣的話，那是不是代表貓咪可以分辨出飼主與其他人的腳步聲呢？

曾經聽說飼主回家，還有家裡有客人來的時候，貓咪會出現完全不同的反應。的確，像我回家的時候貓咪100%一定會出來迎接，但如果是朋友或男朋友的話就漠視……。

貓咪說不定聽得出你的腳步聲喔

關於聽不聽得出腳步聲這個問題，針對狗的研究比貓來得更多。雖然有研究報告指出狗聽得出飼主的腳步聲，但是也有報告表示牠們其實不能明確分辨，還會因為「誤以為是飼主跑出去等，發現搞錯而露出失望的樣子」。有人說狗可以在某種程度上，根據走路的步調區分來自遠方的腳步聲，但是真相還在研究當中。貓應該也可以根據狗的情況來推測。

63

問題

有關貓咪令人不解的行為舉止，以及其背後隱藏的心情。

回答

藤田和生＋CAMP-NYAN的答覆。出現在圓圈裡的是為大家解惑的老師。

和睦相處的訣竅

以漫畫與回答的知識為基礎，解說討貓咪歡心的訣竅。

回答者圖示

4位貓咪研究者當中，協助回答的人會出現在圓圈圖示裡。

CAMP-NYAN

藤田和生教授　高木佐保　千々岩眸　荒堀みのり

登場人物

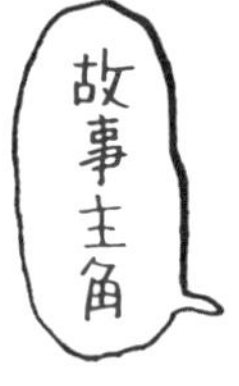

黃豆粉

主角飼養的貓咪。虎斑橘貓，4歲。個性溫和，不僅是飼主，就連對初次見面的人也會翻肚撒嬌。

貓山紗香

主角人物，28歲。出了社會之後開始在可以飼養寵物的公寓裡養貓。與犬山風太交往中。時常在貓咪咖啡店裡享受快樂的約會時光。

姊姊・香織

主角人物的姊姊（32歲）。家有丈夫與1歲大的兒子。全家都喜歡動物。在生小孩之前就已經有養貓了。

坂上華子

主角的朋友。在因緣際會之下成為了貓中途，自此之後不斷學習知識，才開始對貓咪瞭若指掌。

犬山風太

30歲。老家養了一隻柴犬，本來屬於狗派，最近受到紗香的影響，開始對貓產生興趣。

老家的家人

父親・貓山好春（60）與母親・美矢子（58）養了兩隻貓，一隻狗。女兒・紗香與香織獨立之後也分別養了貓。

可龍

貴賓狗，3歲母狗。對於初次見面的人或動物會有警戒心，但是認識之後態度就會變得非常和善。與貓咪相處十分融洽。

小太郎

灰色虎斑公貓。個性溫和，充滿威嚴的8歲老貓。開始對貓碗與貓飯變得挑剔。

小梅

白底黑點的3歲母貓。自小頑皮好動，經常在家裡暴衝。個性活潑，與先來這個家的可龍經常打成一片。

目次

第1章 了解貓咪的內心與身體

第2章

不可思議又有趣的生活型態

第 3 章

貓咪的溝通方式

第4章

習性與偏好

第5章

來自「CAMP-NYAN」的報告！

卷末特輯

第 1 章

了解貓咪的內心與身體

你在想什麼？

貓咪是否什麼都不想輕鬆自在地生活呢？

自由自在，隨心所欲。貓咪好像只是忠於本能地生活，不管發生什麼事都不會想太～多。吃飽就睡，看到有東西在動就伸出手來。「不可以到那裡去！」不管講多少次，就是不聽，跟牠說話也像是沒聽進去。

話還沒講完，就開始在房間裡暴衝，情緒突然變得激昂。一鼓作氣爬上窗簾，卻不知要怎麼下來。牠們是不是無法想像一旦爬到高處，要下來其實不容易呢？

貓咪意外地富有感情與理性

日文中有句話叫「貓的額頭」（猫のひたい。面積狹小之意）。以貓咪的整個頭來講，這個地方是控制感情與行動的額葉，因此人們認為這個部位應該充滿了感情（喜悅、悲傷等）以及理性。

貓的大腦構造幾乎與人類相同，有聰明的一面，但是也保留了粗枝大葉、漫不經心的孩子樣，這就是貓的特徵。如此落差，正是貓咪迷人的魅力。

就算是飼養的家貓，也要將牠當作半野生的動物，以大而化之的心情來相處對待。

貓尾發言器

聽說只要讓貓咪看貓尾豎起的剪影畫，尾巴就會做出一樣的動作喔！
好好玩喔！
我們也試看看。
嗅嗅
……
來
牠比較任性頂多就這樣了吧。
沒興趣嗎？
撇頭

尾巴的動作代表什麼意思呢？

貓咪的尾巴有時會筆直豎立，有時會左右擺動，這究竟有什麼含意呢？像我們老家養的狗高興時就會奮力甩動尾巴。但其實狗的心情非常好懂，一看就知道牠們什麼時候是開心的。那麼貓咪高興的時候也會甩尾嗎？

這麼說來，印象中曾經看過貓爸爸或貓媽媽用尾逗弄小貓，不然就是貓咪彼此豎起尾巴。請告訴我如何透過貓咪的尾巴動作看出牠們的情緒！

貓咪之間用尾巴對話

貓咪是利用尾巴溝通的。牠們是一種同伴之間有地位之別的動物，而地位較低的貓咪在向地位較高的貓咪釋出善意打招呼時，通常都會豎起尾巴。

另外，貓爸爸或貓媽媽也會用尾逗弄小貓或者是陪牠們玩耍。

不過要注意的是貓咪不耐煩的時候也會甩尾，而且這樣的舉動還表達了不悅與威嚇的情緒，因此要注意貓咪瞳孔縮放的程度以及姿勢，多加觀察喔。

貓咪雖然不會開口說人話，但是卻會用尾巴來對話喔。要是真的被激怒的話，尾巴可是會和狸貓一樣整個變蓬，要小心！

🐾 貓鬍子天線

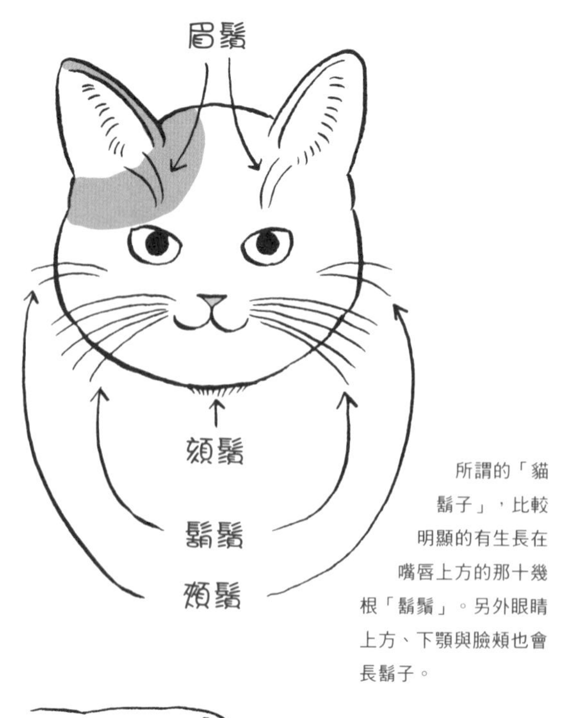

所謂的「貓鬍子」，比較明顯的有生長在嘴唇上方的那十幾根「鬍鬚」。另外眼睛上方、下顎與臉頰也會長鬍子。

除了臉部，前腳（相當於人類手肘部位）也會長觸鬚。站立的時候腳後還有較硬的觸鬚，不妨多加確認。

貓鬍子有什麼樣的功能呢？

曾聽人家說「貓咪的鬍子要是被剪斷的話腦子會一片混亂」，這是真的嗎？

我們家的貓咪個性非常溫和，就算摸牠們的鬍子也不會顯得不開心，而且有時候在房間角落還會撿到掉落的鬍子。貓咪本身並不是很在意，真的看不出這個部位很重要耶……。

當然，我們從沒有想過要把家裡貓咪的鬍子剃掉，但是能不能告訴我實情呢？

彷彿感覺器官捕捉刺激的部位

貓咪的鬍子有別於人類的鬍子，扮演著重要的功能。牠們的鬍子主要是一種感覺器官（彷彿捕捉刺激的天線），能夠維持身體平衡。

另外，通過狹小的地方時，貓咪還可以利用鬍子測量寬度，捕捉微弱的風向，進而掌握空間大小。

老化的鬍子因為新陳代謝而掉落是自然現象，但是絕對不可以故意把貓咪的鬍子剪下來，因為造成的傷害跟失去視力是一樣的。

貓咪的鬍子是一種高感度的天線，非常敏銳，儘量不要觸摸，更不可以剪斷！

🐾 幫我搔喉嚨～

乖～乖～
咕嚕咕嚕咕嚕
好像很舒服耶。
對啊
咕嚕咕嚕
這個聲音真的是越聽越神奇耶。這是怎麼發出來的呀？
呵呵呵……很神奇吼
仔細想想，對貓咪來說人類的一舉一動應該也是疑雲重重吧？
像是覺得貓咪太可愛
結果把臉埋在肚子裡吸貓之類的……
好想多了解
貓咪喔……

想要知道貓咪咕嚕聲的真面目！

撫摸貓咪喉嚨的時候牠們會閉上眼睛，彷彿是在享受這一切，並且發出咕嚕咕嚕的聲音，看起來非常可愛，而且還會硬是要你繼續抓，這究竟有什麼意思呢？

從表情可以看出貓咪其實很享受，但是身體某處發出聲音真的是一件很奇妙的事。不管怎麼看、怎麼摸，還是不懂。

題外話，聽到貓咪發出咕嚕咕嚕聲的時候，自己好像也跟著放鬆起來了呢。

發出聲音的結構至今依舊是個謎

自古以來，貓咪的咕嚕咕嚕聲就是一種惹人喜歡的習性。然而意外的是，「這個聲音從何處、為了什麼而發出的」至今卻未能詳細解明。不過這個咕嚕咕嚕聲還可以分為好幾種，除了高興與放鬆的時候，可以確認的是貓咪遇到緊急時刻或者是不開心的時候也會發出咕嚕咕嚕聲，而且貓咪之間也會對彼此發出這個聲音。

就好比我們聽了之後會覺得療癒一樣，還有人說這個咕嚕咕嚕聲的頻率，「可以幫助骨折癒合」。

貓咪生病或受傷的也會發出咕嚕咕嚕聲喔。因此我們平時就要以「觀察之眼」，察覺貓咪是否不適。

column_1

飼養在室內
也需要結紮嗎？

動手術並不是一件可憐的事。

而是為了即將成為家人的貓咪的健康與幸福。

完全飼養在室內的貓咪也要結紮喔。

有人會覺得讓疼愛的寵物留下傷口是一件很可憐的事，所以遲遲不肯讓牠們動手術，但是結紮其實是有好處的，例如避免公貓出現噴尿（為了主張勢力範圍而四處撒尿）等的問題行為，以及預防母貓出現容易罹患的疾病。

就算希望貓咪能夠生小貓，但是如果無法照顧到每一隻小貓的話，最好是將其當作「僅限一代」的生命好好疼惜。

有些地方單位會提供結紮手術的補助金。另外，以「零撲殺」與「零不幸浪貓」為目標的志工與獸醫也會提供優惠價的結紮手術。

在迎接貓咪成為家中一員時不僅要多加考量，還要儘量讓牠們擁有健康的一生。

可以摸、不可以摸的部位

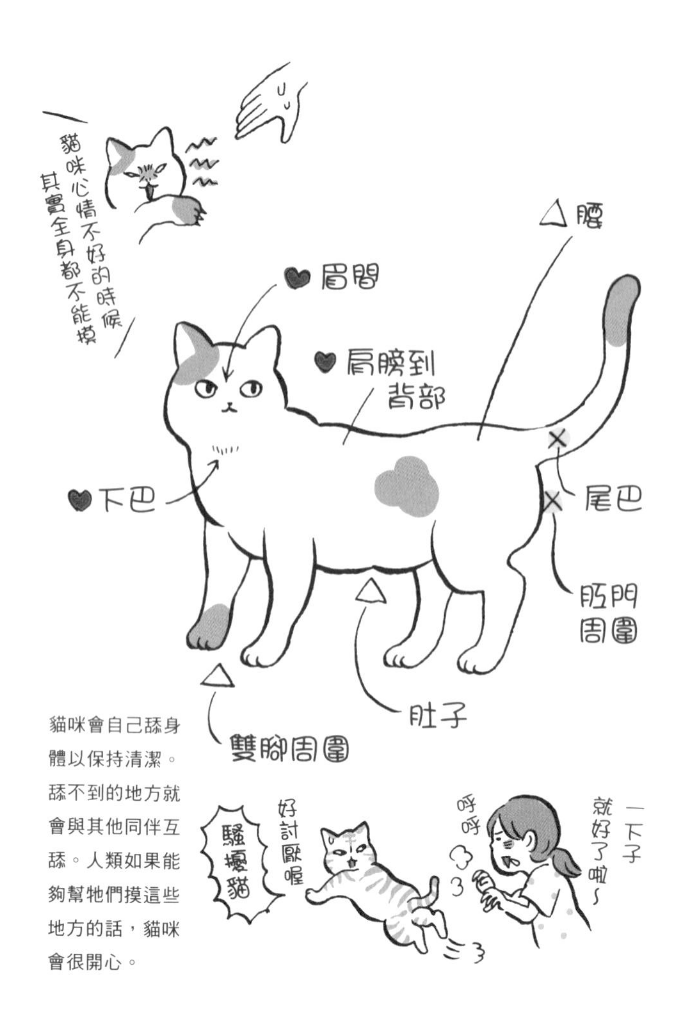

貓咪會自己舔身體以保持清潔。舔不到的地方就會與其他同伴互舔。人類如果能夠幫牠們摸這些地方的話，貓咪會很開心。

貓咪要摸哪裡才會開心呢？

貓咪全身覆蓋了一層柔軟的毛髮，豎立的耳朵，柔軟的肉球，每一個地方都讓人忍不住想摸。

我們人類有些部位其實是不太想要讓別人摸。同樣地，貓咪一定也會有這樣的部位，所以我想要知道與貓咪接觸的時候，到底哪些地方可以摸，哪些地方不可以摸。

到目前為止其實我摸過不少貓，喉嚨這個地方似乎每一隻貓都很喜歡。或許每隻貓咪各有差異，但是我還是想要知道貓咪希望讓人家摸的地方。

正確答案就是輕摸貓咪舔不到的地方

親人的貓咪喜歡讓人摸。若問牠們喜歡讓人摸什麼地方，答案就是自己舔不到的部位。印象中貓咪會互相幫彼此舔毛，所以飼主如果能夠幫貓咪摸那些牠們舔不到的地方，相信貓咪一定會很開心。而且貓咪就算長大了，還是會希望有人能夠摸摸小時候常常讓母貓細心舔舐的地方。

只是貓咪心情善變，摸太久的話反而會讓牠不開心。當中更有些貓咪並不喜歡讓人家摸，故要小心留意。

千萬不要抓著貓咪的尾巴、揉捏牠們的肉球，甚至過度搓弄牠們的耳朵喔～。

咬咬、踢踢

打擾了
我去泡茶
唷歡迎啊
你這傢伙還真是可愛呢。
乖乖
乖
乖乖
乖乖
嘶啊啊啊啊
咦咿咿咿咿
咬著我的肉還賞我貓腳！
啊啊啊啊
獠牙插進肉裡面了啦……！
君子不立危牆之下……
貓咪心情不好的時候要保持距離儘量不要四目相對

緊抱＆後腳踢實在是太痛了！

給貓咪有木天蓼味道的玩具時，牠們都會用前腳緊緊抱住玩具，然後一心不亂地用後腳不停地踢。

踢的對象如果是玩具，動作確實會可愛地讓人忍不住嘴角微揚，但是貓咪有時也會對我伸出爪子做出同樣的動作。這種情況雖然不常出現，但是有時就好像打開開關似地發作。這是不是有什麼理由呀？一開始感覺好像是在玩，可是一旦認真起來，又咬又踢可是會讓人疼得要命呢。

牠們這是在什麼樣的心情之下做出這樣的舉動呢？

這是為了不讓狩獵能力退化的練習

貓咪有許多遊戲都是與生俱來（天生的本能）的。不管貓咪有多乖巧，本能都不會消失。無論對象是玩具還是人的手臂，在玩耍的過程當中本能就會甦醒，玩著玩著，就會忍不住認真起來。

所以這有可能是一種捕捉到獵物之後，在獵物掙扎的時候給予致命一擊，好讓其斷氣的模擬練習。

貓咪乖乖的時候是不會伸出爪子的，可是一旦認真起來，就會伸出尖銳的爪子，所以要小心，儘量不要被抓到喔。

就算是家貓，本能也不會完全消失。而且有時候還會不小心伸出爪子，所以儘量不要讓牠們太興奮喔～。

原來有乳頭啊

我們家的貓咪
慵懶～
是男生
你有乳頭啊?!
公貓的乳頭存在的意義是什麼？
喔，不。人類的男性也有……
原來…
通常每一隻貓都會有8個乳頭。
難怪可以一次餵8隻貓咪喝奶
母貓真偉大。
貓咪身體大全

明明是公貓卻有乳頭真的很神奇

我們家的貓咪是男生。躺在地上打滾的時候我都會把頭埋進牠的肚子裡，享受那蓬鬆柔軟的感覺，但這時候卻發現牠竟然有小小的乳頭。

小時候帶牠去動物醫院的時候，醫生跟我說「這是公貓喔」，而且也有蛋蛋，顯然就是公貓，但是牠怎麼會有乳頭呢？這不是很神奇嗎？仔細一看還有兩排，驚訝的是數量還不少！

不過仔細想想，其實人類男性也有乳頭。但是為什麼呢？

哺乳類的雄性大家都有喔！

哺乳類動物都有乳頭，雄性也有，只不過哺乳是由雌性負責，所以就算雄性沒有乳頭，應該也不會有什麼問題出現。這種情況就和在進化的過程當中，退化的尾巴變成尾骨留下是一樣的。

貓咪的乳頭一共有8個。也就是說一隻貓咪可以同時餵8隻小貓喝奶，而且同一胎生下來的貓咪之間還有長幼順序，越早出生的貓咪，通常可以吸吮乳汁較為豐沛的乳頭。

以乳汁來育兒的哺乳類不論雌雄，其實都有乳頭喔。為什麼會有？這個問題恐怕沒有人會知道答案的！

貓咪不流汗？

今天要
去醫院喔。
飄
喵——
好啦，到診療台上吧！
痛痛痛
被抓了
緊張
緊張
緊張
緊張
緊張
緊張
看診結束
好了喔。
謝謝醫師
我們回家吧。
把貓抱起來之後竟然出現了肉球形狀的汗漬！

貓咪不排汗嗎？調節體溫沒問題嗎？

日本的夏天炙熱無比！就算人類因為炎炎夏日而汗流浹背，貓咪依舊若無其事，看不出牠們有在排汗。狗的話會張嘴喘氣，但卻鮮少聽到貓會這樣。

難不成貓咪是一種不會流汗的生物？倘若如此，那牠們是怎麼調節體溫的呢？

說到這，我想到帶貓咪去動物醫院的時候，看診台上會有點濕濕的。難道這就是貓咪的汗?!

肉球如果是濕的那就是汗

人類全身佈滿了汗腺，汗就是從這些汗腺排出來的。但如果是貓的話，牠們的汗腺（外分泌汗腺，eccrine sweat glands）只分布在肉球上，所以牠們不會像人類那樣「全身都是汗」。

因為汗是從肉球排出來的，所以會有一股特別的氣味。這就像是貓咪的體臭，所以氣味因貓而異。至於肉球那股獨特的氣味……難以言喻。

貓咪是透過舔舐身體來調節體溫，利用唾液蒸發的汽化熱降溫等。從肉球排出的汗只能稍微派上用場。

雖然貓咪的祖先來自沙漠，非常耐熱，可以自己調節體溫，但是夏天還是要視情況，為貓咪做好避暑措施。

column_2

顏色花紋形形色色的 療癒肉球寫真館

黑色、粉紅色、紅豆色……軟Q的觸感配上
不同的顏色和花紋，怎麼看都不嫌膩！

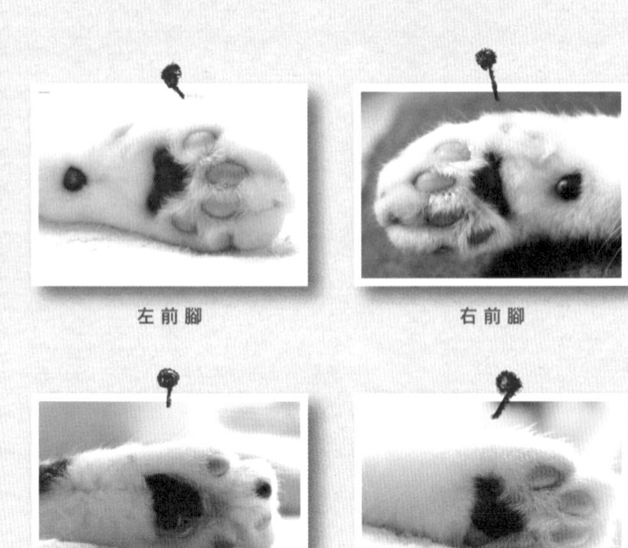

左前腳　右前腳

左後腳　右後腳

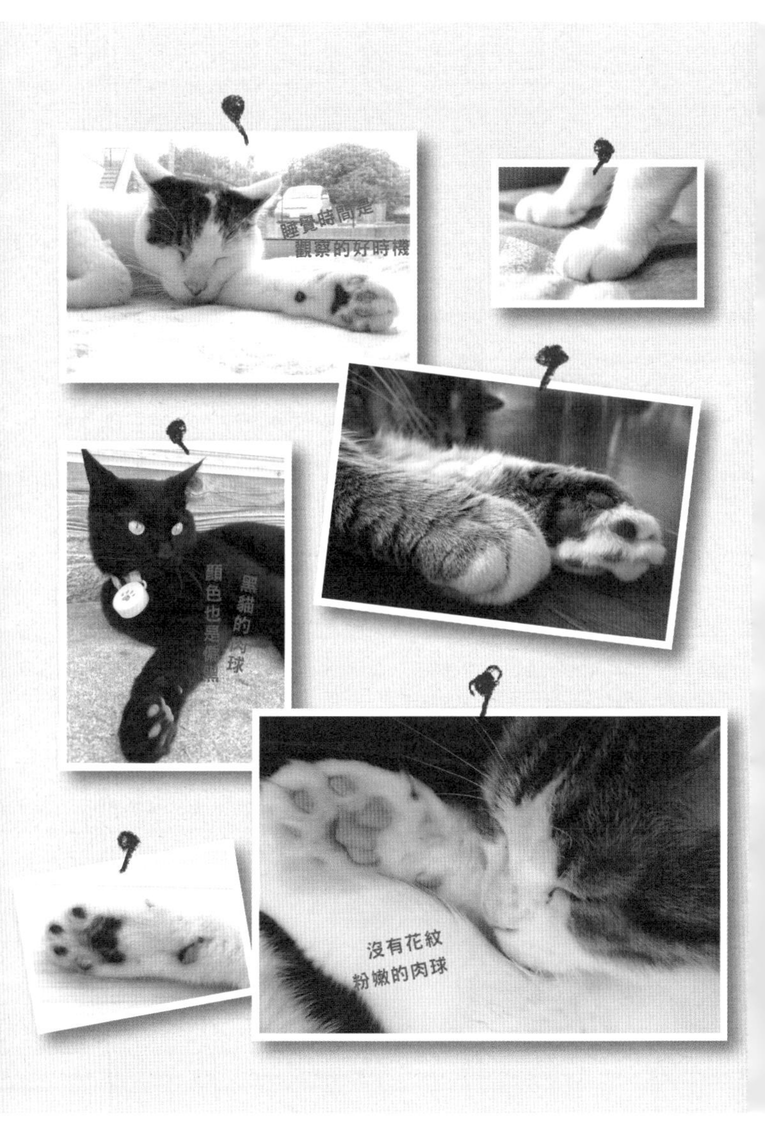
睡覺時間是
觀察的好時機
黑貓的肉球
顏色也是偏黑
沒有花紋
粉嫩的肉球

貓舌的祕密

雖說貓咪舌頭怕燙，不過好像是用鼻子感受溫度

我們家的貓咪非常貪吃，連人類的食物也不放過。但是當鼻子湊近熱呼呼的湯時，還沒伸出舌頭舔就已經溜走了。本來是因為味道香才靠近的，卻因為太燙而放棄（笑）。常聽人家說貓咪舌頭怕燙，但是我發現牠們好像不是靠舌頭，而是用鼻子來感覺溫度的。

雖說貓咪怕燙，但是太熱的東西狗也沒辦法吃，那麼日文中用來形容吃飯怕燙的「貓舌」，就不只是用來形容貓咪了？畢竟人類也有不敢吃熱食、舌頭怕燙的人呀！

貓咪吃東西怕燙最喜歡微溫的食物

世上就只有人類敢吃溫度高到會讓人大喊「好燙！」的食物，人類以外的動物幾乎都很怕燙，所以不是只有貓才會這樣。同樣地，除了人類與生活在冰天雪地的動物，基本上是沒有動物會喜歡冷到幾乎結凍的食物。

貓咪的主食是狩獵而來的動物生肉。剛捕捉到的動物體溫大約是在30～40℃之間，因此有人說這正是貓咪喜歡的溫度。不過除了舌頭，貓咪還可用鼻子來感受溫度，據說還能夠判斷出相距不到1℃的溫差呢。

貓咪喜歡溫溫的食物。沒有食慾時貓罐頭可以用微波稍微加熱，讓香味散發出來，這樣就能刺激貓咪的食慾。

散發香氣的貓咪

我回來了～
回來啦。
歡迎回家
歡迎回家
過來過來，好久沒看到大家了。
讓我聞一下～
這麼說來每一隻貓的氣味
充滿青春活力酸酸甜甜的氣味
陽光的味道（耳朵後面）
因為常在一起所以聞不出來
說不定都不一樣呢
吸ー吐ー
妳的貓有高湯的味道耶，魚露風味?!
吸吸
不管怎麼樣，吸貓真的會讓人上癮。
狗的話呢？
呵呵呵
嚇

不只是貓，動物的體味都會讓人上癮～

我很喜歡動物身上那種難以言喻的氣味。狗不管洗多少次澡，那股獨特的氣味就是洗不掉，而且肉球還有一股和堅果一樣的香味。而曾經掀起一陣風潮的鸚鵡也有一股不會惹人討厭的淡淡香味。

相較之下貓咪身上幾乎沒有臭味，但是卻會讓人忍不住想要聞聞牠們的屁股還有耳朵裡面的味道……。

喜歡貓咪的朋友就說了，這種情況就好比「貓咪在打哈欠的時候會忍不住把手指伸進嘴裡，聞聞牠的口水味道一樣」。

嗯～我懂。

那真的是一種難以形容的香味呢

貓咪的糞便與尿液可說是臭氣沖天，相較之下身體卻幾乎沒有臭味，因為牠們採用的是隱藏身影，等待獵物的「埋伏型」狩獵方式，身上若是發出體臭只會影響狩獵。不過牠們還是會微微散發出一股難以言喻的舒適芳香，而且聽說不少飼主非常喜歡這樣的體味。

但是對老鼠來說，這根本就不是香味，而是天敵的氣味。像那些飼養在研究室的老鼠平常還算乖，可是當我們在外面調查完貓，回到研究室的時候，那些老鼠反而會大吵大鬧呢。

貓咪喜歡隨時保持清潔，所以幾乎不會散發出體臭。如果發出強烈的氣味，就要注意有可能是生病了，因為貓咪不會主動表達身體不舒服。

貓咪討人歡心的科學理由

我們家的貓不管做什麼都超可愛的

我最喜歡可愛的東西了。如果是動物的話，基本上什麼都喜歡，但唯有貓比較特別。牠們的容貌與姿態不僅優雅，動作更是輕盈柔美，讓人看了陶醉不已，而且百看不厭。

貓咪從以前就被當作寵物來疼愛，而且不只是日本，全世界的人都很喜歡貓咪。狂熱的貓迷不在少數，貓咪在人類的心目中是不是一種特別可愛的動物？

聚集了讓人類覺得可愛的要素

人類的嬰孩有大大的眼睛，小小的鼻子與嘴巴，寬廣突出的額頭，圓圓的臉頰，還有短短的手腳，每一個部位都讓人覺得可愛無比。這樣的特徵稱為寶寶基模（baby schema）。

而貓咪完全符合這樣的基模圖示。不僅是小貓，就算長大了，貓咪也幾乎不會失去如此天真可愛的模樣，因此可以推測如此模樣看在我們人類眼裡會轉換成「好可愛喔！」的訊息，刺激我們的大腦，進而產生「想要保護牠們」的感情。

人們會覺得貓咪可愛的原因，在心理學上也已經獲得證明了喔！不過，就算沒這些論證，也一樣要好好疼愛牠們。

拍出可愛貓咪的訣竅

不管是什麼樣的相機或手機，拍黑貓的時候，老是無法對焦，好難拍喔。
咔嚓
拍全身照的時候簡直就是一塊黑影
就算從正面拍也是看不出表情
貓咪的照片真的很難拍。
哈哈哈
在暗處拍的時候貓咪的瞳孔會變大可以拍出可愛的黑眼珠，可惜……
光線不足
但是若用閃光燈眼睛又會反光!!
這真的是拍得很失敗。
不過愛貓的人們卻不服輸繼續拍
好幾千張的貓咪照片↓
就算大家都笑他「每張都一樣嘛」照樣每天拍
因為貓咪實在是太可愛了
（沒錯沒錯）

想要知道拍出漂亮貓咪照片的方法！

雖然有在拍貓咪的照片，但是有沒有可以拍出好照片的方法呢？我們家的貓動作太迅速，往往錯過最佳表情……。所以讓人滿意的照片真的是為數不多。真正拍得好的就只有睡覺時的照片。

還有，晚上黑眼珠的部分會比白天還要大，整張臉看起來非常可愛，這樣的表情我也想要拍下來！但是周圍變暗的時候如果沒有閃光燈，亮度就會不夠，這樣只能拍出差強人意的照片。話雖如此，用了閃光燈的話貓咪的眼睛就會發亮，拍起來就不可愛了。

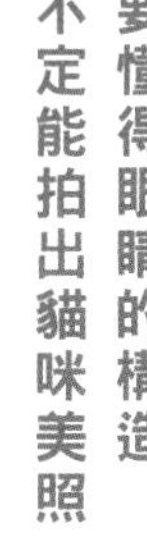

只要懂得眼睛的構造說不定能拍出貓咪美照

貓咪屬於夜行性的動物。正確來講，是「晨昏性動物」，所以貓咪的眼睛才會進化到就算在黑暗中也能夠看得清楚。

貓咪的眼睛是即便在暗處，只要有微弱光線，就會加倍發亮的反光板結構。反射回來的是強力的光線，所以拍貓的時候絕對不可以使用閃光燈，而且這樣對貓咪也不太好。

拍照的時候就先把手機與數位相機的感光度（ISO）調到最高，等待按下快門的最佳機會吧。拍照時配合連拍模式，或者是改變拍攝場景的設定，也不失為一種攝影的樂趣喔。

在亮處拍貓咪的話，細長的瞳孔可以展現出端正的表情，在暗處拍的話，貓咪的瞳孔會變大，這樣反而可以拍出討人喜歡的表情。

column_3

貓眼豐富的顏色

越看越入迷的清澈瞳孔。
你知道貓咪眼睛的顏色有這麼多種嗎？

金色系

屬於黃色或金色系的瞳孔。色素越深，顏色就會越偏橘色或褐色系。

綠色系

黃色與藍色系的色素合在一起就會變成綠色系的瞳孔。比例不同，色調也會跟著改變。

藍色系

從淺淡的水藍色系到深濃的藍寶石系應有盡有。常見於暹羅貓或波斯貓等。

Q　貓眼的特徵是什麼？

A　可以看清楚活動中物體的動態視力，以及在黑暗中可以看清一切的暗視能力。

Q　為什麼在黑暗中可以看得一清二楚呢？

A　因為微弱的光線會放大成人類的5～6倍，所以就算漆黑一片照樣看得清楚。

Q　牠們的視力有多好呢？

A　據說約為人類的十分之一。

小貓階段基本上瞳孔都是藍色的

關於貓眼的Q&A

Q　長大之後眼睛的顏色變了！

A　與色素有關的黑色素形成之後，貓咪的眼睛就會變色。

有些人認為異眼貓可以「帶來好運」

Q　有貓咪左右兩眼不同顏色嗎？

A　這種貓叫做異眼貓，據說可以帶來好運，深受人們重視。

Q　貓咪的瞳孔大小為何會改變？

A　貓咪的瞳孔是隨著接收的光量來調整的。情緒變化也會影響到瞳孔大小。

瞬間千變萬化的表情

即使每天都看

也還是百看不厭呢

第 2 章

不可思議又有趣的生活型態

太愛躲貓貓了

明明就擠不進去，貓咪還是會想躲在裡面？

我們家的貓咪真的很喜歡紙箱，一看到紙箱就會立刻鑽進去。其他像是家具的縫隙也是一樣，總之就是非常喜歡狹窄的地方。

還有，好不容易幫牠們準備了一張柔軟舒適的床，卻特地跑到狹窄或者是陰暗的地方休息。

可是像在網路上引起話題的貓圈（用膠布在地板上貼出一個圓圈的話，貓咪就會乖乖跑到裡面）不是沒得躲嗎？貓咪又是為什麼會想跑進去呢？

這是為了不讓別人發現自己的行蹤

貓咪擠進狹窄處的原因是為了確保自身安全。除此之外，狩獵時這麼做還可以隱藏自己的行蹤。

至於能不能鑽進目的地就要靠鬍子了。因為在認識空間，也就是察覺對象物寬度以及空氣流向的時候，鬍子可是能派上用場呢（P22）。

但如果是家貓的話，隱藏行蹤的本能就會變差，因此不少貓咪對於「藏頭露尾」這樣的現象覺得非常滿意。明明要躲起來，卻被對方看得一清二楚！這種情況可說是層出不窮。至於貓圈，理由應該也是一樣吧。

貓咪躲進狹窄的地方可以讓心情平靜下來，既然牠們是看心情來選擇地方，那麼再多幾個藏身處會更好喔。

不再當夜貓子了

幼貓時期
幾乎睡一整天
ZZZ
……長大之後
依舊沒變
ZZZ
PM10:00
呵啊
我說啊，你不是
夜行性動物嗎？
AM6:00
咚！
嗚呃
怎麼比我還要
早睡早起！

要如何與到了晚上就活力充沛的貓咪生活呢？

聽說貓咪是夜行性動物，但是我們家的貓咪到了晚上就會鑽到棉被裡，而且早上比我還要早起，一起床就吵著要吃飯。

但是有時候半夜卻非常有精神，在房間到處衝！

有時還會一鼓作氣，爬上窗簾。眼睛發出火光，趾高氣揚，超有魄力的。

這是不是因為牠本來就是夜行性動物，只是為了配合我而改變作息呢？這樣的話，我們要如何才能夠一起好好生活呢？

日落之後就會活力充沛這就是貓

貓屬於夜行性動物（正確來講是晨昏性動物）。本來應該是越晚越有活力，但是與人類生活的話就會配合改變自己的生活作息。

只要在房間安裝攝影機，仔細觀察，應該就會發現牠們白天都在活動，到了晚上就會休息。與人類作息相同的好處，應該是有飯可以吃，有人會陪牠玩。只是到了晚上就會活力充沛的習性並未完全消失，只要不會造成鄰居困擾，就還是讓牠們自由地在晚上舉辦運動會吧。

貓咪本為夜行性動物，但如果是不外出的家貓，就算作息配合人類，也不會因此覺得拘束、不自在。

🐾 遇到困難會盯著飼主看？

??
無視。
來，這是給你的禮物。
雖然牠們的反應都不一樣，不過都還是會仔細看著我們呢。
紗香還是嬰兒的時候也是這樣喔。
因為嬰兒會觀察父母的表情，從中得到各種資訊。
所以不管是貓狗還是人，應該都有一顆值得珍惜的心
不過你還是一樣自由自在呢。
拍

貓咪似乎不太懂得察言觀色，是嗎？

老家貓狗都有養，不過狗比較好懂，而且個性單純，但是貓卻會讓人覺得牠們似乎沒有什麼感情，真的是這樣嗎？像打哈欠給貓狗看的時候，狗還滿常被我傳染的，不過貓就懶得理我了（笑）。

還有，遇到狀況時，會一臉困惑看著我的通常是狗，但是貓不管遇到什麼困難，都會盡力自己解決。

這是不是因為貓咪不是群居動物，所以才會不太懂得察言觀色呢？

也可能是看了你的表情才採取行動的

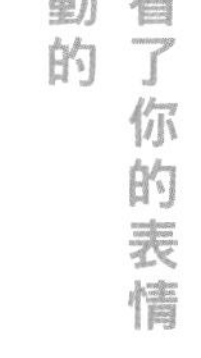

心理學中提到「社會參照」（social referencing），也就是不知道如何判斷的時候，會觀察其他人的表情來行動。這是狗最大的特徵之一（狗不知所措時會望向飼主），但是狗的祖先狼卻沒有這樣的舉動。

至於貓，曾經有報告指出當給牠們看奇特物品時，牠們會盯著飼主；另一方面，也有報告指出就算飼料放在貓咪無法自己打開的盒子裡，牠們也不會向人類求救，反而努力自己打開盒子，可見時間與情況不同，貓咪的行動也會跟著改變。

貓咪的動作固然靈敏，但是有很多事其實是做不到的。如果牠們一直盯著你，不妨看看牠們需要你幫什麼忙吧。

應有盡有的睡姿

日本有首童謠歌詞寫著「貓咪在暖爐旁蜷成一團」，不過貓其實只在天氣寒冷時才會縮成一圈睡，目的是為了防止體溫流失。牠們會隨著室溫和心情有各種不同的睡姿。

每個季節的睡姿與睡覺的地方都不一樣嗎？

每當看到貓咪睡覺的樣子就會覺得非常奇妙，因為牠們每個季節睡覺的地方都不一樣。像是天冷的時候不是鑽到我的棉被裡來，就是趴在電腦上面睡。有時候甚至會躺在地板上或者是浴室裡睡。

另外，姿勢也是千奇百怪。有時候是整個肚子貼在地板上睡，有時候則是朝天翻肚睡。

貓咪為什麼要這樣一直變換睡覺的地方與姿勢呢？

牠們會配合季節選擇地方與睡姿

貓咪會自己找個舒適的地方休息，所以牠們非常懂得找冬暖夏涼的場所，有的貓咪到了冬天還會鑽到棉被裡呢。

牠們還會採取在夏天更涼爽，在冬天更溫暖的姿勢，所以貓咪的睡姿通常隨著季節改變，像是夏天拉得長長的，讓整個身體貼在冰涼的地板上冷卻，到了冬天就把蜷起身體來保暖。

搞不好貓咪知道什麼時候換季呢?!

貓咪時常在找尋家裡最舒適的地方。天冷時要是心血來潮，還會靠在人的身旁睡呢！

column_4

浪貓也要幸福喔！

大家聽過友善街貓活動嗎？
這是為了與貓咪一起幸福生活的活動。

你是否曾經看過浪貓，也就是沒有飼主的貓咪呢？牠們往往讓愛貓人士嘴角微揚，但也有人因為牠們隨地排泄與惡作劇感到困擾不已。因此人們舉辦各種活動，目的是為了解決這樣的問題。

其中一個就是「友善街貓活動」。也就是把浪貓當作在當地生活的貓咪來管理，並且為牠們結紮，以免數量增加，甚至幫這些貓咪找一個家。而動過結紮手術的貓咪會順便剪耳，當作記號，以免又被人帶去結紮。

浪貓數量之所以增加，是因為原本被當作寵物飼養的貓咪遭到棄養。既然有緣與貓咪一起生活，當然就應該要「養一輩子」。只要在與貓咪共同生活的這段期間學習尊重生命，對那些沒有飼主的貓咪或其他動物一定也能夠以和善的態度來對待。

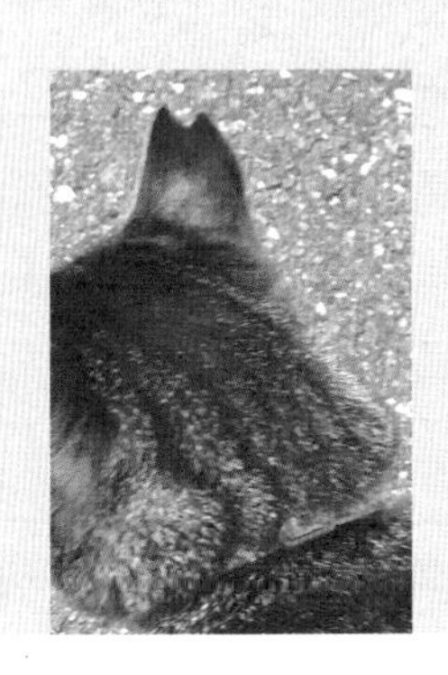

快看看我～

想要找牠逃之夭夭，不想理牠卻跑過來

每次要找貓咪的時候，都不知道牠們跑到哪裡去了。本來是想要摸摸、抱抱牠們的，可是貓咪都不看在眼裡。

可是每當我在打電腦或看報紙的時候，牠們就會跑過來趴在鍵盤上或者是坐在報紙上。我發現貓咪只會在我特別忙的時候過來撒嬌。而且很奇怪，牠們就是會在剛剛好的時機悄悄跑到我眼前。

這又是什麼樣的心態呀？

貓咪就是這樣對視線非常敏感！

上智大學有研究者以「貓咪是否知道旁人在關注自己」為題來研究，並於2016年發表出貓咪知道「別人正在關注自己」這個研究結果。也許就是看出飼主正沈迷在其他事物，注意力不在自己身上，才會跑來干擾，要飼主「陪陪我」。

相反地，有些貓咪會覺得人們很煩，一直要找自己玩，這樣的心態也真的很像貓。誰教牠們就是如此任性呢。

說不定貓咪非常在意別人關注自己的視線。不過對牠們來說最重要的，還是要繼續我行我素。

等門

貓咪會等門是因為牠們聽得出腳步聲嗎？

家裡的貓咪只要我一下班回到家，就會坐在玄關等門。這是不是牠們知道我回來了的關係呢？

如果是這樣的話，那是不是代表貓咪可以分辨出飼主與其他人的腳步聲呢？

曾經聽說飼主回家，還有家裡有客人來的時候，貓咪會出現完全不同的反應。的確，像我回家的時候貓咪100%一定會出來迎接，但如果是朋友或男朋友的話就漠視……。

貓咪說不定聽得出你的腳步聲喔

關於聽不聽得出腳步聲這個問題，針對狗的研究比貓來得更多。雖然有研究報告指出狗聽得出飼主的腳步聲，但是也有報告表示牠們其實不能明確分辨，還會因為「誤以為是飼主跑出去等，發現搞錯而露出失望的樣子」。有人說狗可以在某種程度上，根據走路的步調區分來自遠方的腳步聲，但是真相還在研究當中。貓應該也可以根據狗的情況來推測。

雖然貓咪懂得自己玩，也可以幫忙看家，但是飼主如果能夠陪伴在旁的話，牠們應該會更開心。這樣聽到腳步聲的時候，貓咪會更高興的♪。

🐾 拔毛遊戲

貓咪背部很敏感耶。
牠們是不是可以察覺到背後有什麼東西呀？
一直摸的話可能會讓牠反感，那就拉一根毛看看……
背部竟然抖抖抖地起波浪了！
抖抖抖
興奮
我可以試看看嗎？
拉……
抖抖抖
抓！
※玩得太過火的話反而會造成貓咪的壓力，要小心！

最敏感的部位難道是背部？

有時候我會稍微惡搞貓咪，輕扯牠背上的一根毛。

結果牠背部的某一區塊竟然像打浪般抖動，讓人越看越過癮，但是其他部位卻沒有這麼激烈的反應，真的很神奇。

我們家的貓個性很溫和，鮮少發怒，但是捉弄牠太多次的話還是會不太開心。貓的背部是不是很敏感呀？

貓咪的脊椎兩側對刺激非常敏感

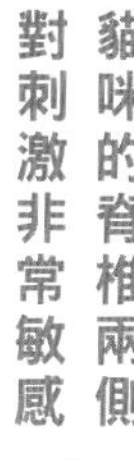

貓咪背部對於外來的刺激非常敏感。為了檢查基因，我們研究人員與獸醫也曾經拔過貓咪背上的毛，不過那時候光是觸摸這種輕微的刺激，就足以讓貓咪的背部打起波浪了。

就算只是用手戳，有時也會出現相同的反應。

不過太常這麼做的話反而會對貓咪造成相當大的壓力，尤其是脊椎兩側非常敏感，所以儘量不要太常刺激這個部位。

貓咪的背部很敏感，只要拔毛或者是觸摸脊椎就會抖動，所以不要一直玩弄這個部位喔！

全力抵抗動物醫院？

貓應該很討厭去醫院吧？
上次也是……
因為貓咪不懂那是為了看病呀。
告訴妳一個好方法吧！
洗衣袋！
先把貓咪塞到袋子裡，然後再關進外出籠……
或許是因為放棄抵抗，貓咪會變得很乖。而且就算籠子沒有關好，貓咪也不會跑出去喔。
……
太厲害了！我也要試試看～

帶貓咪上醫院真的是煞費苦心！

家裡的貓咪頂多就是小的時候帶去結紮與打預防針，到目前為止根本就沒有在動物醫院裡經歷過會讓牠留下心靈創傷的體驗，但是每次要帶去醫院都會很反感。

只要一拿外出籠，準備把貓咪抓到裡面時，牠就會像看到鬼似地瞬間逃走，打死不肯出來；似乎還會在當天就察覺到情況不對勁，我還沒準備好，牠就已經躲起來了。

好不容易買了一個上醫院專用的外出籠，卻還是非常討厭，不願意進到籠子裡，每次都要搞得人仰馬翻……。

自由會被剝奪，當然抵死不從

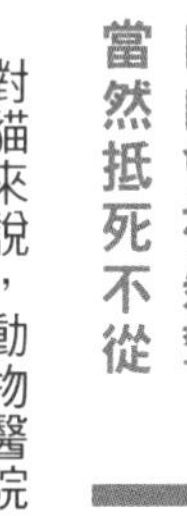

對貓來說，動物醫院是一個非常討厭的地方。因為在牠們的記憶中，這是一個「曾經讓自己不開心」的地方，所以貓咪學到了「被抓到外出籠裡＝動物醫院＝不開心」。

就算沒有什麼疼痛的經驗，但是只要被抓進外出籠裡，帶到陌生的地方，然後抱到診療台上，就會……。因為貓咪並不喜歡自由被人剝奪、行為受到限制。

雖然有些個性和善的狗，在醫院看到獸醫或者是其他狗還會非常開心，但是基本上來說，貓咪是最討厭醫院的。

從醫院回到家時，如果能夠稱讚一下貓咪，對牠們說「你很棒喔」的話，就能夠把去動物醫院這件事跟快樂的經驗連結，減輕厭惡的感覺。

column_5

與動物醫院往來

開始養貓之後就要找一家

方便往後就診的動物醫院！

Q　如何找動物醫院？

A　上網或者是到當地的浪貓保護團體
收集大家的評價，並且實地走訪觀察。

Q　動物醫院要多久去一次呢？

A　年輕健康的貓一年要做一次健康檢查及施打預防針，
7歲以後則是半年一次較為理想。

Q　一定要打預防針嗎？

A　就算是飼養在室內的家貓，也要諮詢主治醫師，
並且每年施打一次。

關於動物醫院的Q&A

Q　貓咪有急診嗎？

A　就算是一般門診以外的時間，有些醫院還是會看診。
不過事先查好擅長夜間急救的醫院會比較安心。

Q　除了醫院，在家也做得到的健康管理是什麼？

A　記錄貓咪排泄與飲食狀況。拍照也可以。

Q　可以請其他獸醫給予第二意見嗎？

A　當然可以。有些診所還會提供
附帶檢查結果紀錄的介紹函。

🐾 上完廁所後的奇特舉動

雖然是看來奇特的舉動，但貓咪都是認真的。
當然這些都是基於本能做出的重要行為，但是貓咪如果明顯出現異常行為或者是露出痛苦表情時，一定要帶去醫院好好檢查！

暴衝或是猛抓沒有貓砂的地方

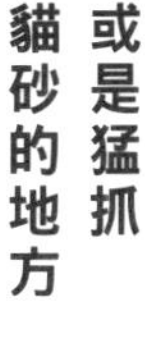

我們家用的是非常普通的貓廁所，裡頭鋪了一層貓砂。上廁所這方面有好好教，到目前為止都沒有什麼大問題，上廁所這件事也非常順利，真的是幫了我一個大忙。

可是貓咪上完廁所之後，就會好像被什麼東西附了身似地開始暴衝，或是弄掉前腳沾上的貓砂，有時候會感覺牠怎麼一直在抓沒有貓砂的地方。

站在人類的立場來看，會覺得這樣的舉動有點奇特，這是貓的習性嗎？

可能是從毫無防備的姿勢突然回過神來

不少研究報告指出貓咪上完廁所之後會突然暴衝，彷彿是在逃命。其實不只是貓咪，動物在排泄的時候應該是最無防備的狀態吧。不過有人說這是因為排泄後的爽快感，也有人說這是為了掩飾氣味。

至於貓咪拚命弄掉貓砂這件事，應該是為了讓重要的腳與肉球保持靈敏度。畢竟貓咪是一種愛乾淨的動物，不喜歡把自己的身體弄髒。

不過，真相還是只有貓咪才知道?!

上完廁所之後貓咪會有一股衝動想要暴衝。不過這是出自本能，所以不需太過在意，就讓牠們自由奔跑吧！

不吃蔬菜也OK嗎？

來
我回來了～
回到家了喔～
伸……
嚇
來
啊
這是人家給我的。
咕嚕咕嚕咕嚕
奇異果屬於獼猴桃科，不少貓咪會對葉片與樹枝產生反應，不要給太多，適量就好。

維持健康不能沒有蔬菜，那貓咪呢？

養了好一陣子的貓，一直都是餵乾飼料。怕牠們吃膩，還特地在口味方面多加變化，像是雞肉與鰹魚等，這些口味的飼料都會買給貓咪吃。

不過日本以前應該有不少貓咪吃的是貓飯（撒上柴魚片、淋上醬油或味噌湯的米飯）。

可是貓是雜食性的動物嗎？可以餵牠們吃白飯之類的碳水化合物嗎？還有，是否需要餵牠們吃蔬菜來維持健康呢？

貓咪是天生的肉食性動物不需要吃蔬菜

在貓咪研究相當進步的現在，人們認為貓咪是一種完全肉食性的動物，其實是不需要攝取蔬菜的。東京大學也有研究指出「貓咪吃青魚可能會生病」。

以往人們「鮮少想要為貓咪提供適當的飲食，所以才會餵牠們吃類似貓飯的食物」。而且「適合貓咪的食物」通常也會隨著時代而改變。所以最正確的作法，就是配合貓咪的健康狀況與年紀來提供專用的貓飼料。

基本上貓咪屬於肉食性動物，但是鯖魚之類的青魚卻對牠們的身體有害，更別說「貓飯」這種過時的貓食了！

🐾 換個貓碗就不吃飯了嗎？

只不過是換個碗就不吃飼料了！

用了很久的陶瓷貓碗被貓咪摔破了，所以這次特地挑選摔不破的塑膠碗，但卻發現以往總是大口吃飯的貓咪，食慾好像變差了⋯⋯。不僅如此，吃飯的速度也變慢了。

身為飼主的我常常因為可愛的貓碗而滿足，但是貓咪是不是不喜歡呀？只不過是換個碗就會影響心情，難不成我們家的貓咪特別敏感？

嗅覺是貓咪的生命線所以對氣味特別敏感

貓咪是一種嗅覺敏銳的動物，所以更換用來裝飼料與水的貓碗時，有時候牠們並不是靠視覺，而是因為「氣味」變化才發現的。有些比較神經質的貓咪光是換個容器就會不願意吃飯。如果是老貓，不僅是貓碗，對環境變化也會變得非常敏感。

不是說「塑膠碗不能用」，但是用比較不容易沾上氣味的瓷碗或許會比較好，挑選一個貓咪喜歡的碗吧。

個性比較神經質的貓咪最好選擇陶瓷材質的貓碗，而不是容易沾上氣味的塑膠碗。

特地準備的水卻不喝？

特地準備新鮮的水卻一口也不喝！

在看貓咪飼養書的時候，書中提到「要為貓咪準備大量新鮮的水」，我也照做了，在裝乾飼料的碗旁邊放了一碗水。

可是我們家的貓卻不怎麼愛喝碗裡的水，感覺牠反而比較喜歡喝廚房水龍頭的水，還有浴缸裡的水，而不是專門為牠準備的水。

而且我一天會換兩次水，照理說，水應該還算新鮮吧？可是為什麼貓咪不願意喝碗裡面的水呢？

貓咪喜歡喝循環或流動的水

不少貓咪特別喜歡喝飼主隨意準備的水，像是浴缸裡的水、盆栽裡的水，還有放在佛堂上奉拜的水。

可以確定的是，貓咪喜歡新鮮的水，而不是盛裝在小碗裡的水。或許是知道從水龍頭流出的水是新鮮的，所以有些貓咪只要看到有人站在廚房裡，就會拜託他「開水龍頭」。

若是希望貓咪能夠喝碗裡面的水，不妨為牠買一個噴水型的自動飲水器，只要插電讓容器裡的水循環流動，看在貓咪眼裡，就會像是剛湧出來、新鮮的水。

貓咪是來自沙漠的生物，所以對珍貴的「水」非常挑剔，因為牠們想要盡情地喝到新鮮又乾淨的水。

column_6

超過7歲就是老貓！

最近有不少超過20歲的長壽貓，

但是只要超過7歲就算是老貓，飼養方式也要改變。

貓咪就算上了年紀，也不會滿頭白髮，甚至滿臉皺紋，但是牠們差不多從7歲就會開始老化。說得具體一點，跳躍能力會變差，而且沒有跳好的話會非常容易腳滑，就連睡覺時間也會拉長。

這時候要換成「高齡貓專用」的乾飼料，因為這種飼料顆粒小，比較容易消化，這樣老貓會更容易進食。

不少貓咪容易罹患腎臟方面的疾病，所以要多加照顧腎臟。除了定期健康檢查，搭配食物療法、營養劑以及藥物也能夠舒緩症狀。不過最重要的，就是要趁貓咪年輕的時候多讓牠們喝水。

貓咪上了年紀之後運動量會減少，所以不妨為牠們多準備幾個睡覺的地方，同時盡量減少居住空間內的高低差。

天真無邪的表情與驚人的瞬間爆發力

都充滿了魅力

貓咪實在是太厲害了

第3章

貓咪的溝通方式

知道自己的名字嗎？

貓咪知道我們平常是怎麼叫牠的嗎？

老家有叫做小太郎、小梅的貓咪。可是當我們在叫小太郎的時候，只要大喊「小太郎！」不只是牠，就連小梅也會跑過來，彷彿是在期待「是不是有什麼好吃的東西呀」。

還有，我們家的貓咪也有個地方讓人好奇。可能是我太常對貓咪說「好可愛喔！」的關係，牠們現在只要一聽到「可愛」這兩個字就會回頭。貓咪真的可以分辨自己的名字還有其他貓咪的名字嗎？

牠們似乎可以分辨自己還有同居貓的名字

貓咪其實知道自己的名字，應該也能夠分辨住在一起的貓咪名字。曾經有實驗證明就算某個字的聲調與自己的名字一樣，貓咪照樣能夠區別叫的是自己的名字還是別的東西。

至於貓咪同伴的名字，曾經有個以貓咪A「知道朋友貓咪B與貓咪C的名字」為主題的實驗，結果發現貓咪A應該是聽得出貓咪B與貓咪C兩者名字的差異。

雖然這並不代表貓咪可以完全聽懂人類的語言，但是有時候還是可以憑感覺大致理解喔。

聽得出飼主的聲音嗎？

貓咪知道電話那頭的人是我嗎？

將貓寄養在老家，與男朋友出去旅行的時候，突然好想念貓咪，所以打了好幾次電話回家。那個時候媽媽開玩笑地把手機轉向貓咪，聽說牠一聽到我的聲音，竟然把臉靠過來在手機上磨蹭。

待在老家的時候只要我和媽媽一喊，貓咪一定會靠過來，但如果是爸爸，有時候不管他怎麼喊，貓咪就是叫不來。我覺得貓咪應該聽得出家人的聲音，是不是？

貓咪應該可以聽出飼主的聲音

上智大學的教授曾經進行了一個非常有趣的實驗，內容是「在沒有飼主的房間裡安裝擴音器，依序放出他人1、他人2、他人3、飼主與他人4的聲音給貓咪聽，同時把牠的反應錄下來給別人看，並請大家評分貓咪反應的強度」。

結果，當貓咪習慣聽到別人的聲音，反應開始變弱時，一聽到飼主的聲音又開始出現激烈的反應，證明牠們分得出飼主與別人的聲音。

由此可證，貓咪是可以分辨人類的聲音喔。

貓咪應該是知道飼主的聲音。畢竟飼主很疼自己，所以只要一聽到飼主的聲音，心裡頭就會充滿幸福感。

性別不同，聲音也不同

公貓與母貓的叫聲是不是不一樣呀？
根本就聽不出來……
照理說貓咪的聲音應該和人類一樣，男女有差喔！
啊～～
低
男
啊～～
高
女
喵～
公貓
喵～
母貓
嗯，個性有差！

貓咪難以從外表來判斷性別嗎？

人類可以從外表來判斷男性與女性，但是貓咪卻不容易從外觀來判斷性別。

朋友家中有小貓出生的時候曾經對我說「最可愛的那隻給你。因為牠長得非常溫馴，一定是母貓！」結果長大之後才發現其實是公貓，這點讓我有點訝異。

既然如此，貓咪之間是怎麼分辨公貓與母貓的呢？還有，公貓與母貓的叫聲是否有高低音之分呢？

有時候從體格與聲音粗細也可以判斷出性別

公貓與母貓的差別一定程度上可以從臉部輪廓與體格判斷。如果不常看的話，可能會比較不容易辨識，不過公貓的表情比母貓還要有威嚴，塊頭也比較大，而且體格結實。不過當中還是有個體差異。

雖然沒有正式的研究結果，不過在研究對象當中，結紮後的公貓聲音通常會比沒有結紮的貓咪偏高，可見聲音低沉與荷爾蒙有關係。

另外，貓咪之間應該也可以憑彼此身上的氣味來分辨性別。

公貓結紮之後，往往給人聲音柔和的印象。不過荷爾蒙改變之後，容易變胖也是個讓人煩惱的問題～。

貓語迷你課程

「陪我嘛」

「唷！」

「離我遠一點！」

「來真的嗎，喂」

無聲的喵～

「我喜歡你喔」

要理解貓語，訣竅在於平時要仔細觀察。另外，也可以配合貓咪的表情、姿勢、耳朵方向等讀懂貓咪的心情。

同樣都是「喵～」但是意思不同？

貓咪有時候會欲言又止地看著我。發出的叫聲通常都是「喵～」或者是不同版本的喵叫聲。試著思考當時的情況，終於稍微了解到牠們是對我有所求。

例如要吃飯的時候，廁所髒了要人打掃的時候，不然就是想要撒嬌的時候，要求不同，叫聲應該也會跟著改變吧？還有，朋友還曾經說他「養的貓好像會學人類說話」呢。

配合貓咪的表情與動作來解讀吧

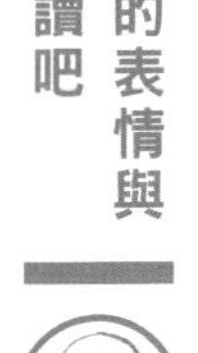

與貓咪生活的日子一久，就可以從叫聲掌握牠們的情緒。其實貓咪的「喵～」叫聲可以分成很多種，而且還有實驗結果指出飼主其實能分辨出這些叫聲的不同。

聲音有多高？有多長？眼神與姿勢又是如何？只要觀察整體，就能夠更精準地掌握貓咪的心情。不過有些貓並不太愛出聲喊叫，因此個體差異甚大，但這些都是牠們的特色，記得要尊重牠們喔。

與狗相比，貓咪或許比較難懂。即便如此，牠們也是會想要傳遞自己的心情，可別置之不理喔～！

column_7

享受賞貓的樂趣

在人類的飼養之下依舊不失野性的貓咪。
不妨找到屬於自己的觀賞重點！

與貓咪同伴
要和睦相處喔

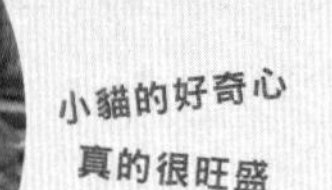

小貓的好奇心
真的很旺盛

貓（家貓）的祖先應該是非洲野貓（African wildcat），主要是在北非到西亞這一帶家畜化之後，才慢慢拓展至全世界。

人類開始從事農業之後，往往會招致老鼠覬覦穀類，因此吸引了想要捕捉老鼠的非洲野貓聚集在一起，進而開始與人類一起生活。

同樣都是家畜，狗則是被當作獵犬與看門狗來飼養，而且還有其他工作要做，但是貓只要負責捕捉老鼠就好。與狗相比，貓咪鮮少進行品種改良，及至今日。

也因為如此，強化了狩獵習性與體格讓貓咪充滿了野性，而且魅力十足。不管是家貓還是浪貓，再怎麼慵懶悠哉，遇到情況時，瞬間爆發力依舊會覺醒。

一旦了解這段歷史與身體特色之後再來觀察貓咪的話，日後應該還會有其他新的發現喔。

貓咪生氣很可怕的喔！

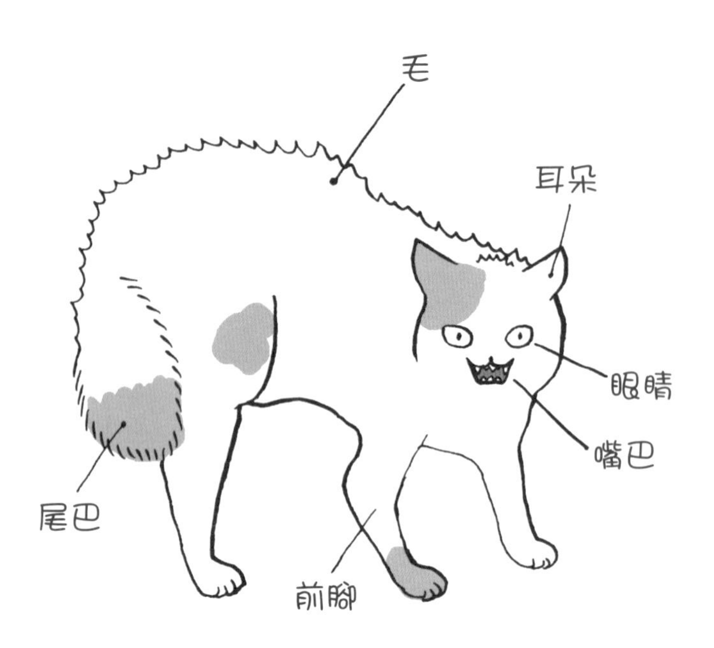

貓咪攻擊性變高的時候瞳孔會變細，而在攻擊的那一瞬間瞳孔會張開。耳朵朝旁或朝後倒，齜牙咧嘴，毛髮豎立，尾巴蓬起，這些都是威嚇的信號。

平常看起來乖乖的，威嚇的時候威力十足！

我們家的貓咪平常很乖的，但有的時候卻會性情大變，不是對著窗外的浪貓「嗚～！」地低吼，就是對人類的客人「哈——」地威嚇。這個時候，貓咪的尾巴會像洗杯刷般整個毛都蓬起來，齜牙咧嘴，獠牙與爪子全都露出來，相當嚇人。

這應該是生氣的訊號，但照理說，家裡應該是一個很安全的地方，為什麼家裡的貓會這麼激烈地威嚇對方呢？

威嚇若是無效，就會採取行動喔！

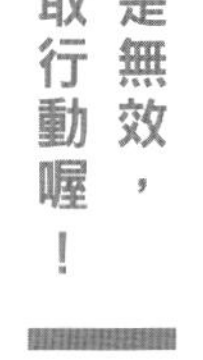

有的貓咪會對討厭的東西或者是聲音威嚇，有的貓咪則是會對第一次看見的東西提高警戒心。

其實貓咪之間有可能因為爭吵而負傷，為了避免那些無謂的爭執，會在決鬥之前便做個了結。這個時候牠們會讓自己的身體看起來非常龐大，企圖用氣勢打敗對方，所以才會把全身的毛整個豎起。

做到這種地步還是無法避免一戰的話，就會正式決鬥。打鬥時，貓咪會豎起毛髮，發出「嘶——」、「呼——」的威嚇聲，撲向對方。所以千萬不要讓貓咪氣到這種地步！

結紮前的年輕公貓要是太過糾纏可愛的母貓，偶爾也會被對方「呼——」地責備一番喔。

喜歡人的各種舉動

纏著你的腳不放

對看時瞇起眼睛

講電話時
過來偷看你

鑽到被窩裡

與狗相比，貓咪的愛情表現固然收斂，但有時候還是會傳送出「喜歡你的訊息」，像是四目相交，或者是討摸撒嬌。記得多留意這些訊息，並且適時給予回應喔。

貓咪的心裡到底有沒有我呢？

貓咪跟狗不一樣，真的是挺任性的。心情要是不好，不管怎麼叫就是叫不來。但是自己想要撒嬌的時候卻一直在你的腳邊磨蹭，死纏著不放，根本就不管你有多忙，有時甚至乾脆跳到膝蓋上要你抱。

女朋友的貓咪並不會每次都來找我，但我還是想要知道貓咪是怎麼看待我。我是覺得牠只不過是想要撒嬌，所以才會靠近剛好在旁邊的人而已……。

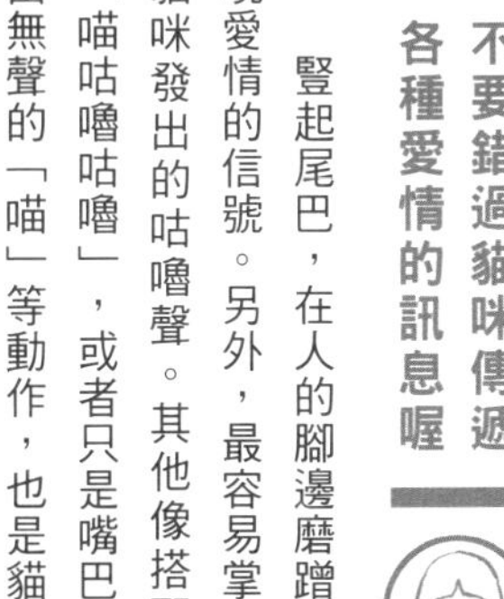

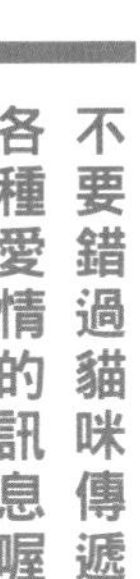

不要錯過貓咪傳遞各種愛情的訊息喔

豎起尾巴，在人的腳邊磨蹭是貓咪展現愛情的信號。另外，最容易掌握的就是貓咪發出的咕嚕聲。其他像搭配叫聲的「喵咕嚕咕嚕」，或者只是嘴巴張開，發出無聲的「喵」等動作，也是貓咪心情不錯的信號。

此外，溫柔地舔手或者是露肚翻滾也是傳遞喜愛的信號。而貓咪為對方舔毛（grooming）的行為，則是貓咪之間表達「喜歡的信號」。舔毛原先是貓爸爸、貓媽媽會對小貓做的動作。有機會的話不妨仔細觀察，好好體會貓咪發自內心的愛情表現吧。

貓咪會不斷地傳遞「喜歡的信號」，一旦察覺到牠的心情，記得要好好回應喔。

不會眨眼睛嗎？

想要知道貓咪眼神中的含義

我很喜歡看貓咪的眼睛，有時會看到渾然忘我。這時候我的眼睛已經乾了，但是貓咪似乎若無其事，而且還不眨眼呢。另外像是要我開門，或者是討飯吃的時候，貓咪也會一直盯著我看，甚至眨眼。

既然無法開口說話，那麼貓咪會不會透過眼神接觸來表達心情呢？

還有，當貓咪像是在觀察般緊盯著我時，也很讓人好奇是什麼意思！

有時候是心有所求 有時候則是表示愛意

貓咪的眼睛有一層薄膜叫做「瞬膜（第三眼瞼）」，這層膜扮演著眼瞼的功能，發揮了保護眼睛的作用。

另外，貓咪心有所求的時候通常會一直盯著你看，例如要你摸牠的頭，或者是抱抱牠。有些貓咪還會一語不發地對你施壓，目的就是希望你幫牠打開水龍頭，因為牠要喝水。

還有，貓咪的凝視似乎也意味著「觀察」，這有可能是在觀察下一刻要發生的事，也有可能是期待吃飯時間是不是快要到了。

這就是所謂的「眉目傳情」。也就是說，貓與人類就算語言不通，但是只要透過眼神，還是可以看出對方心裡在想什麼的。

甩尾回答

貓咪甩尾有什麼含義呢？

貓咪實在是可愛到讓人沒事也想要喊牠的名字。剛開始還會回頭看我，可是最近我發現光是叫牠的名字不是沒有反應，就是背對著我，只有尾巴會有回應（雖然這樣也很可愛）。

我曾經在網路上看過貓爸爸、貓媽媽甩動尾巴逗弄小貓，不過對於我這個飼主，小貓也是打算逗著玩嗎？只用尾巴回答我的貓咪，心裡到底在想什麼呢？

貓咪的心與尾巴關係密切

明明就睏得不得了，根本就不太想要理人，只好隨便「甩甩尾巴」敷衍一下，不覺得這樣的舉動很有趣嗎？雖然只不過是人類擅自臆測，不過貓咪心裡頭說不定正想著「既然是平常一直照顧自己的飼主，那就不能敷衍了事」。

而對貓咪來說，尾巴是從遠處就可以確認對方心情的溝通工具。而且尾巴的反應最直接，是了解貓咪心理的重要關鍵。

貓咪其實知道你只是在叫牠的名字，沒有東西要給牠的喔。所以才會以甩動尾巴來回應。

column_8

貓咪活動自如的尾巴

貓咪的尾巴可說是外觀與功能兼具。
從形狀與動作就能夠看出貓咪的感情。

Q　尾巴的主要功能是？

A　讓身體維持平衡。

Q　尾巴成鉤狀是遺傳嗎？

A　據說血緣來自東南亞的貓咪
經常遺傳到這樣的特徵。

Q　貓咪尾巴的根部可以摸嗎？

A　心情好的話可以摸，但是適度就好。
母貓的話有時候會因此而發情。

關於尾巴的Q&A

Q　尾巴裡有骨頭嗎？

A　有骨頭。有時還會骨折，
所以要小心。

Q　尾巴動的樣子好像有點奇怪。

A　有可能是受傷或發炎，
要觀察情況並帶去醫院看診。

Q　抱貓咪的時候為什麼牠一直甩尾呢？

A　有可能是因為不舒服。

趣味橫生的貓耳

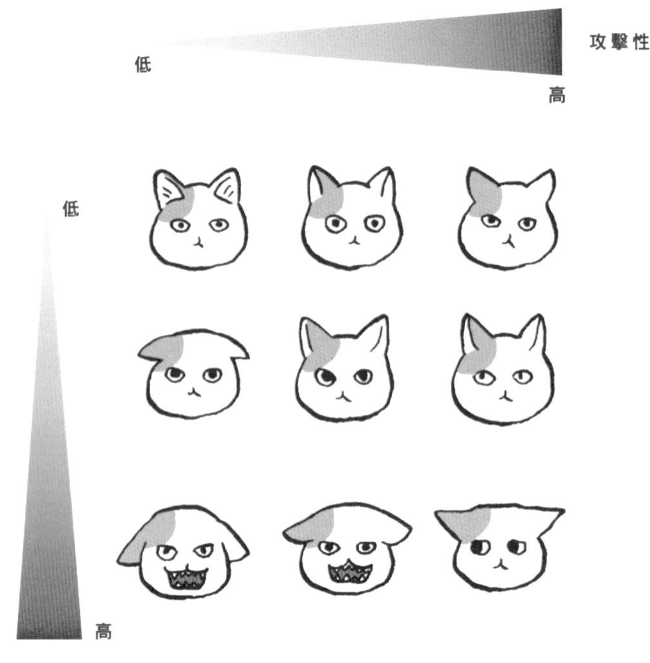

參考從事貓咪行為研究的保羅·雷豪森博士所繪製的圖。左上角是一般的表情，越靠近右邊，攻擊性越強烈；越靠近下方，防禦性則越高。訣竅在於觀察耳朵和眼睛。

貓咪的耳朵常常動來動去這代表什麼意思呢？

貓咪和狗一樣，看到好奇的東西耳朵就會轉向那邊喔！有時候是一邊的耳朵與眼睛朝這邊，另外一邊的眼睛與耳朵則是朝向引起好奇心的聲音那一邊。有時候豎耳，有時候整個往後倒，這究竟是代表什麼意思呀？

朋友家裡養了一隻白貓，血管清楚可見，所以耳朵呈淡淡的粉紅色。聽說每當牠的體溫因為愛睏或興奮而上升時，粉紅色的耳朵顏色就會變深呢。除此之外，還有什麼事情可以從貓咪的耳朵就能一目了然呢？

耳朵會朝有興趣的方向轉至於形狀則是代表心情

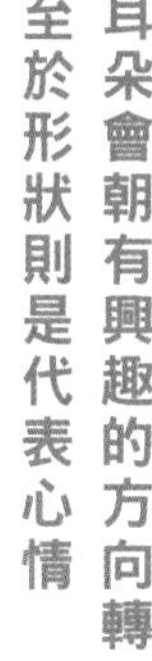

貓咪的耳朵是一種有效收集聲音的「聚音裝置」。為了迅速捕捉到引起興趣的聲音方向，貓咪的耳朵通常會非常靈敏地改變方向。

另外，耳朵也能夠表達貓咪的心情，例如貓咪耳朵往旁邊倒的時候（俗稱「飛機耳」），一臉為難的表情固然可愛，但其實這是貓咪因為不安而提高攻擊性的狀態，所以這個時候最好不要隨便碰貓咪。

除了耳朵，尾巴與身體的形狀（背弓起來的狀態），還有嘴巴張開的程度等情況都要好好觀察，才能察覺貓咪的感情。

貓咪沒有什麼表情肌，無法透過牠們的臉來掌握情緒，所以耳朵是了解貓咪心情的重要部位喔！

貓咪心中的人類

不知道貓咪是怎麼看待我們人類的耶？
雖然身體龐大，但卻沒有辦法狩獵的傢伙之類的？
啊哈哈
朋友家養的松鼠，聽說會把葵花籽丟滿她的包包。
這說不定是為了替不會找食物的人類帶便當呢。
這麼一說，貓咪也是……
有時候會抓蛾給我這是打算給我當飯吃嗎？
你這小子
有這份心就夠了。

貓咪也認為人類是重要的家庭成員嗎？

跟貓咪生活已經有好長一段日子了。即使身為飼主，就算貓咪長大了，看在眼裡依舊是一個愛四處翻滾的小孩子，同時也是無可替代的家人。

但相對地，貓咪是怎麼看待飼主的呢？是一個負責供吃、相當好用的人呢？還是只是一個同居的人？或者是競爭對手？上次我們家的貓咪給我看牠捉來的蟲，從那之後，我越來越在意自己在貓咪的心目中究竟是什麼樣的存在。

只要是家貓，就會把你當作同伴

貓咪的勢力範圍意識固然強烈，但是對於人類並不會主張勢力範圍，這有可能是因為牠們並沒有把人類當作競爭對手。雖然不是貓，但也不是敵人，在牠們的心目中，似乎認為人類是與眾不同的存在。

貓咪還有可能把人類當作「不會狩獵的大孩子」。所以當牠們把捉來的獵物丟給人類看的時候，有可能是為了要我們「學學狩獵的方法」。不僅如此，甚至還有人說貓咪會分階段教導，從一開始是死掉的獵物↓快要死掉的獵物↓活生生的獵物，要人類好好學習。

就算是家貓，照樣保有狩獵的習性喔。所以記得一定要定期陪貓咪玩遊戲，紓解一下狩獵的衝動吧！

喜歡人類的嬰兒嗎？

貓咪為什麼對人類的嬰兒這麼體貼呢？

事情發生在姊姊生完寶寶，我去看她的時候。姊姊養的貓平時非常不喜歡人家一直摸牠。驚訝的是，牠竟然能忍受小寶寶抓牠的耳朵或者是拉牠的尾巴，完全沒有抵抗。姊姊養的是母貓，這樣的行為是不是出自母性的本能呀？

之後我們家的貓咪（公的）也遇到一樣的情況，同樣沒有任何抗拒。為什麼我們家的貓咪會任由小寶寶擺布呢？

貓咪好像覺得小寶寶很可愛

貓咪對於人類的寶寶容忍心似乎非常大。寶寶往往會因為好奇心而去騷擾貓咪，但是貓咪卻不太會生氣。這有可能是因為貓咪在看了嬰兒的寶寶基模（會引起「可愛」、「想要守護」等念頭的可愛姿勢或形狀）後，進而控制攻擊性的關係。

不僅如此，貓咪還會靠氣味來辨認自己的孩子，但是聽到其他小貓叫的時候，同樣也會有所反應。沒想到看似冷酷的貓咪意外地博愛呢。

貓咪是不會對寶寶伸出爪子或者是攻擊的。不過當貓咪與寶寶共處時，還是要待在旁邊看喔。

親人的理由

如果貓咪是完全野生的動物的話……
無論狩獵還是睡覺的地方
全都要自己來
就這一點來說家貓……
真的很輕鬆耶～
ZZZ
難不成是因為我會照顧牠所以才和我親近？
啊！
可是……
真希望我們兩個有時也能夠心靈相通
你這傢伙
戳戳揉揉戳戳
嘶——

貓咪為什麼會親近不同種的人類呢？

我們家的貓咪跟我這個飼主非常親，每天都會在玄關等我回家，在家的時候也常跳到我的膝蓋上撒嬌。外出時間只不過比平常稍微久一點，一回到家喉嚨就會開始咕嚕咕嚕響，感覺牠似乎非常高興。

但是牠對常來家裡玩的朋友就沒有這麼親了。就算記住朋友的臉，讓對方摸也不會不高興，但感覺牠還是會和對方保持一段距離觀察。貓咪親人是不是有一定的理由呢？

飼主是特別的存在

媽媽在身旁的話，寶寶就會比較安心，而且對外界通常會比較有好奇心。貓咪也是一樣，曾經有個實驗，把飼主當作貓咪的母親，結果發現牠們的反應和人類的嬰兒一樣。

不過在別的實驗當中，我們發現飼主長時間不在家的時候，貓咪的喉嚨比平常還要會咕嚕咕嚕（請參照P24）。針對飼主與貓咪的關係，仍有其他各式各樣的研究正在進行。

可以確定的是，對貓咪來說，飼主是一個非常特別的存在。

貓咪喉嚨會響是因為牠們最喜歡負責看守自己的飼主。只要多摸摸牠們，飼主自己也會感到幸福喔。

column_9

訓練貓咪

貓咪隨興善變，但卻意外地聰明。

只要掌握訣竅，訓練絕對不成問題。

既然是跟人類一起生活，那就讓貓咪記住最基本的規則吧。

首先是廁所。貓咪習慣在固定的地方上廁所，所以訓練牠們並不難。先準備一個貓咪專用的廁所，放在安靜的地方。貓咪若是出現便意，並且開始做出挖沙的動作時，就立刻帶牠去貓廁所。只要多做幾次，就可以讓貓咪學會怎麼上廁所。有的飼主還善加應用這個方法，讓貓咪學會怎麼用西式馬桶上廁所。

再來是在不希望牠進去的地方安裝圍欄。有耐心地多教幾次，貓咪不小心進去時，只要牠走出來，就好好稱讚牠「做得很棒喔」，並且給牠喜歡的東西犒賞一番。只要重複讓貓咪體驗到「不在這個地方就會有好事」，就能夠教牠們不要進入這個地方（正面強化）。

另外，貓咪個性任性，提不起勁的時候是不會乖乖照做的，但是可以善用「正面強化」這個方法，讓牠們記住「握手」這個簡單的才藝。

有辦法與外面的貓咪溝通嗎？

家貓有辦法和浪貓和睦相處嗎？

我們家的貓咪從小就在家裡生活，從來沒有外出過。

然而最近附近的浪貓常常跑到家裡的陽台來玩。當家裡的貓咪隔著玻璃窗與那隻浪貓對望的時候，就算浪貓沒有做什麼事，我們家的貓卻會不知所措，逃之夭夭。明明跟老家的貓可以好好溝通，為什麼對浪貓就不行呢？如果世界上有「貓語」的話，那麼浪貓與家貓會不會使用的是不同的語言呢？

小時候接觸的環境決定了貓咪的社會性

生物在與同種一起生活的過程當中可以學到各種事情，而最重要的就是「社會化」（學習社會性以便生存下去）。

但是打從一出生就與人類生活的貓咪，並不會學到與同伴溝通的方式。小貓出生後約4～8週會與共處的動物和睦相處，但是過了這段期間，就算是同種動物，依舊難以融洽相處。就這一點來看，就算同是家貓，說不定也會出現稍微難以溝通的狀況。

家貓與浪貓不太容易溝通喔。但如果與其他動物生活的話，從小就在一起會比較容易打成一片喔。

意外的是和平主義

動物在與同伴
交流的過程當中
會慢慢學會溝通方式
一旦起了爭執，
就算獲勝還是會受傷
所以只要威嚇對方
告訴牠
「再靠近我就不客氣了」
就能夠避免正面衝擊
退一步海闊天空的姿態
可惡～
我一定要
給那小子
一點顏色瞧瞧！
好啦別氣了
是我們人類
應該要學習的精神！

貓與狗、貓與小鳥的神奇同居生活！

我老家養了兩隻貓，一隻8歲，一隻3歲。雖然不是母子，也不是兄弟姊妹，但卻相處得非常融洽，從來沒有吵過架，就連同居的狗也是非常合得來。

而第一次把我養的貓帶到老家的時候，那兩隻貓也是馬上就習慣了，而且還像哥哥姊姊般非常照顧那隻小貓。雖說貓咪原本就是單獨行動的動物，但是在進化的過程當中，是不是讓牠們也因此萌生了同伴意識呢？

還有，聽說貓咪與鸚哥屬於捕食關係，所以能夠和睦相處也確實讓人訝異。

異種混合飼養有時其實是合得來的

不管是狗還是貓，都有一段名為「社會化期」的特別時期，而一同度過這段時期的動物不論種類，都會將對方視為「生涯的社會溝通對象」來學習。這段時期的狗，差不多是4～12週大，貓的話差不多是4～8週大（請參照P113）。雖然各種生物的週齡不同，不過人、小鳥與老鼠也會在社會化期這段期間學習。

當家裡已經有過了「社會化期」的先住貓咪，在迎接新的小貓時，飼主一定要平等對待，不能偏愛，這才是和平共處的第一步。

不管是新來的，還是已經住在這裡的，都要一視同仁，不可以偏心，而且飼料、廁所與睡覺的地方都要分開喔。

可以預知地震嗎？

有聽說過地震來臨之前候鳥變少的事。
那貓咪會怎麼樣呢？
好好奇喔
幾天後
嚇
搖晃
啊，地震！
你是不是早就知道了?!
好厲害喔！
幾個月後
啊
搖晃
喂～貓大人你不知道有地震嗎？
到底知不知道呀？

說真的，貓咪到底有沒有預知能力？

曾經聽說有些動物可以預知地震之類的天然災害，而網路上也不時有大地震發生前，貓咪出現異常行為的傳聞……。

至於周遭貓咪的情況，一問之下見解卻各有不同。有的貓咪在地震發生之前在睡覺，事後才想到地震發生的前一天，貓咪似乎就已經開始略有騷動。

說真的，貓咪究竟有沒有察覺或者是預知地震的能力呢？

倘若有，那又是為什麼呢？

說不定這是因為牠們能聽到非常小的聲音

貓是一種對環境變化非常敏感的生物。尤其是貓咪對於「聲音」比人類還要敏感，因此有可能是感受到地震初期微動（P波）之類的地震波。不過就算貓咪察覺得到，但卻無法透過語言將這個訊息傳遞給人類，所以想要證實其所擁有的察覺能力與預知能力其實並不容易。

關於貓咪是否有預知地震等天然災害的能力，目前都還在研究當中。不過光是想到「有預知能力」這一點，還真是讓人期盼呢。

貓咪的預知能力都還在研究當中。不過牠們對於選擇一個舒適安心的環境能力可是頗有自信呢。

心情可以突然轉換？！

我回來了～
聽我說～！
真的是超討厭的！
……你有時候會突然發飆。
但也可以立刻轉換心情，是吧？
迅速轉換是我的才能！
喜
怒
哀
樂
這要學起來～

明知貓咪喜怒無常，但是程度超過想像！

我們家的貓咪會一邊發出撒嬌的聲音一邊靠過來，所以我都會放下手邊的工作陪陪牠。這時候我通常都會摸牠的背。剛開始看牠感覺好像很舒服，但是過沒幾分鐘就開始甩尾，進入不耐煩模式。甩開我的手，一副「不要再摸了」，之後就這樣走出房間。

雖說貓咪個性忽冷忽熱，不過是牠自己跑過來找我的，怎麼翻臉比翻書還要快呢……。貓咪善變是不是有什麼理由呀？

有可能是每種生物的時間感受不同所造成的

基本上每種生物對時間的感受程度各有不同。一般來說，動物的體型越小，心跳速度就會越快，所以同樣都是一分鐘，貓咪感受到的時間可能會比人類還要久。例如持續摸貓咪摸五分鐘，對牠們來說有可能會覺得是三十分鐘。如此一來，心情上就會覺得「好久好煩喔！」這麼解釋，是否能夠理解貓咪的心情了呢？

貓咪的個性確實陰晴不定。再加上體感時間的差異，所以就讓我們多多體諒牠們這忽冷忽熱的個性，好好疼愛吧。

正因為喜怒無常，對於貓咪善變的心情就不要太在意吧。換作是人類，一直摸到讓對方發火不也是一樣嗎？

column_10

與其他動物一起飼養

曾經在社群網站或是YouTube上看到有人混養不同動物。大家都是怎麼辦到的呢？

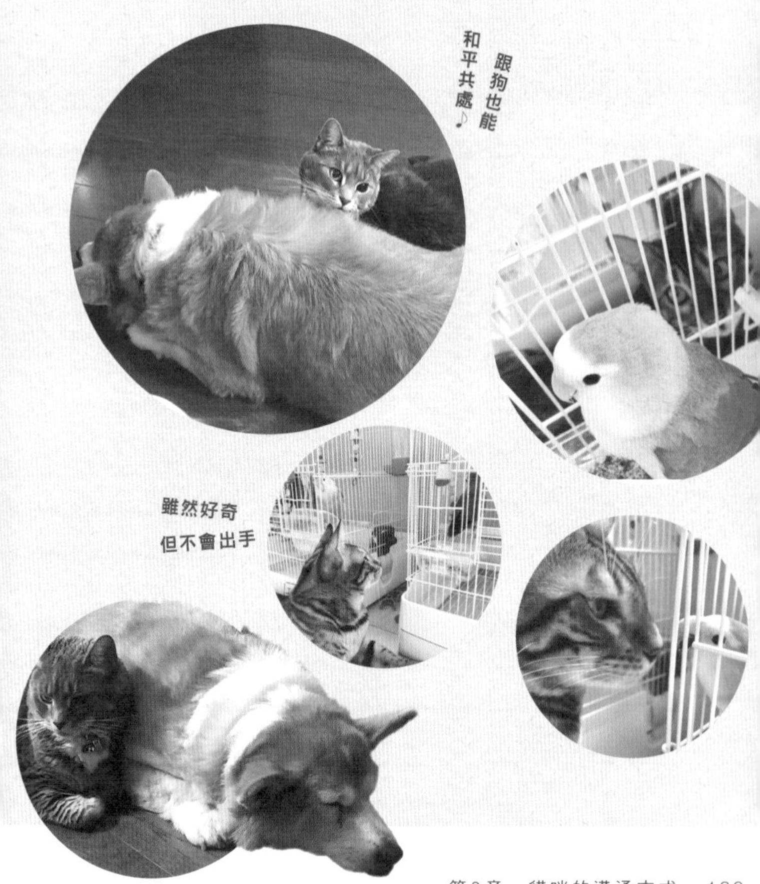

有時候我們會看到貓與狗或者是貓與小鳥等，不同種類的動物和睦共處一室（混養）的照片與影片。這些都算是非常順利的例外情況，而且是為了贏得「好奇特」、「好羨慕」等讚揚刻意流傳開來的。如果真的打算混養的話，一定要三思而行，萬一發生意外或問題，那就為時已晚了。

不過個性溫和的動物比較容易相處在一起。另外，我們在P113也曾經提過，貓咪在出生後的4～8週之間通常會與一起生活的動物和睦相處。在這種情況之下，最好是「小鳥比貓咪先來到這個家」，也就是先讓比較柔弱的動物住在家裡會比較好。

但有時還是會出現襲擊的情況。所以像貓與小鳥這種屬於捕食關係的動物在一起的時候要儘量小心留意。如果是貓與狗，那麼不妨選擇個性溫和但非大型的犬種會比較妥當。

你是不是明明懂得察言觀色

卻故意裝不懂

過得自由自在呢？

第 4 章

習性與偏好

好奇心勝過食慾

乍看之下好像很貪吃，沒想到竟然不會？

我們家的貓咪非常隨興，吃飯的時候要是分心，整個注意力就會轉移別的地方去。有時甚至還會把飯丟在一旁，跑去抓正在飛的蟲子，不然就是一直盯著隨風飄揚的蕾絲窗簾或擺動的風鈴。

就算拿出貓咪最喜歡的零食，牠要是不願意，再怎麼叫牠就是不過來；要是家裡有牠不太認識的人來訪，有時就連最喜歡的玩具也照樣無視。有沒有什麼方法可以讓如此我行我素的貓咪毫不猶豫地靠過來呢？

狗視吃如命！但貓咪卻漠不關心

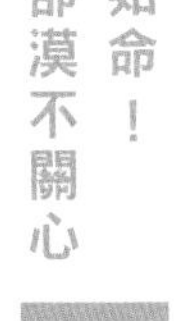

有個實驗的內容，是「在貓咪面前列出玩具、飼料與人的時候，牠們會朝哪一個走過去？」結果發現牠們幾乎往人那個方向走。至今我們觀察了不少貓咪，印象中牠們幾乎都是依照人↓玩具↓飼料這個順序靠近。雖然飼料的種類與給予的時間點會影響結果，不過飼料在牠們的心目中順位似乎沒有那麼高。

為了實驗，我們又再次利用食物來誘引貓咪。貓是叫過來了，但是往往吃了一口就走，看來人類真的只能耐心等待這任性的貓咪了。

我們可是很隨心所欲的喔。不要以為「用食物就可以引誘上鉤」，因為喜歡玩具的貓比較多。

🐾 貓咪喜歡成人女性？

貓咪在面對低月齡的小寶寶時，通常都會用非常溫和的態度應對，但是對於活潑好動的孩子卻是束手無策。這有可能是因為牠們討厭那種無法預測的行為或者是大聲喧嘩，所以貓咪才會比較喜歡動作溫柔的女性。

貓咪有沒有喜歡的類型呢？

我們家的貓咪是公的，非常黏我，但是對我爸爸或者是男朋友的態度卻沒有像對我那樣和善，而朋友（女性）養的母貓也同樣非常黏飼主。一般來講，貓咪是不是比較喜歡人類的女性呢？

還有，同樣都是「女性」，但如果是小孩子的話情況又會是如何呢？朋友說她的姪女到家裡玩的時候，貓咪一看到她就會落荒而逃……。

貓咪是不是有特別喜歡的人類性別與年齡呢？

貓咪比較親女性 通常不太喜歡小孩子

與男性相比，貓咪基本上比較容易親近女性。其中一個理由就是聲音的高低。

一般來講，動物體型的大小通常與聲音的粗細成比例，而貓咪在潛意識中也明白這一點，認為聲音高的人身體小＝確保自身安全，所以在呼喚貓咪的時候，如果能夠「提高聲調」，反應說不定會比較好。

另一方面，同樣都是聲調高，但是貓咪似乎不太喜歡人類的小孩（幼兒），因為他們不懂得控制力道，而且會突然大聲喊叫，而這種難以預測的行為，正是讓貓咪不喜歡的主要因素。

貓咪喜歡態度溫和，說話溫柔的人喔。所以男性如果也能夠輕聲細語地跟貓咪說話，相信牠們一定會很開心的。

貓咪喜歡聲調高的人？

貓咪喜歡高聲調人聲勝於低聲調？

事情發生在兩位女性朋友來家裡玩的時候。我們家的貓咪不知道為什麼，其中一位朋友不管怎麼喊就是不理，但是聽到另外一位朋友的聲音卻有反應。只要她一喊出名字，貓咪的耳朵就會動來動去，或者是轉頭表示有興趣。後來我發現這兩位朋友的差異，似乎在於「聲音的高低」。

我們家的貓在聲音低沉的男性面前會害怕，但是在聲調較高的男性面前緊張感似乎沒有那麼強烈。聲音的高低也是讓貓咪喜歡的主要因素嗎？

嚴格說來，貓咪比較喜歡高一點的聲音

說到貓咪會對誰的聲音有反應，會依據貓咪與誰相處的時間比較長，兩者之間是否有深厚的信賴關係而異。曾經有報告指出貓咪通常對聲調較高的聲音有反應。實際觀察之後，發現情形確實如此。

理由在於聲調較高的聲音聽得比較清楚，加上動物一旦攻擊性變高，就會發出低沉的聲音。基於這個習性，聲調較高的人反而讓貓咪覺得安全，而且就生物學來講，不少例子均證實了體型較大的動物，通常聲音會比較低沉而且粗糙（請參照P127），所以貓咪是靠本能來感受這一點的。

與聲調低的人相比，貓咪通常比較會與聲調高的人親近。所以男性不妨試著用假音對貓咪說話看看吧！

東西不動就沒興趣

要怎麼樣用玩具讓貓咪盡興地玩呢？

對貓咪瞭若指掌的朋友跟我說貓咪最喜歡玩玩具，所以我買了小鳥還有老鼠的玩具給牠。剛開始牠還很好奇地一直聞味道，可是過沒多久就失去興趣。

但是又聽說其他朋友家的貓咪對同樣的玩具卻玩得不亦樂乎。或許每隻貓的情況都不同，但是我覺得拿玩具跟貓咪玩的時候應該需要訣竅才是。有沒有什麼方法可以用玩具讓貓咪玩心大發呢？

甩動的方式是不是也有訣竅呢？

試著模仿生物活動的樣子看看吧

陪貓咪玩玩具的時候，對貓咪來說，這並不是一個單純的休閒娛樂，而是一項模擬狩獵的活動。

如果是小貓的話，這個遊戲會是記住狩獵方式的重要過程。所以如果只是把玩具放在貓咪面前，牠們是不會有任何反應的，有時甚至不會察覺到前面有東西。

另外，玩具甩動的方式也有訣竅。如果能夠模仿生物的動作，也就是突然動一下，之後靜止不動，然後又再動一下，像這樣突發性的不規則動作通常都能夠引起貓咪的注意力。

貓咪最喜歡不規則的動作了。所以當貓咪無聊的時候，有時甚至會跑去撥弄身旁的東西，提振心情。

column_11

看到這種玩具會失心瘋！

意外的東西反而成了貓咪的玩具。
貓咪真的是玩樂的天才。

在玩柔軟的逗貓棒時，貓咪的狩獵本能也會跟著提升，而且還忍不住一次咬了兩支呢。

小貓的好奇心旺盛，無論是什麼樣的玩具，都可以讓牠們全力以赴。照片中玩的玩具是讓會貓咪聯想到動物毛髮的逗貓棒。

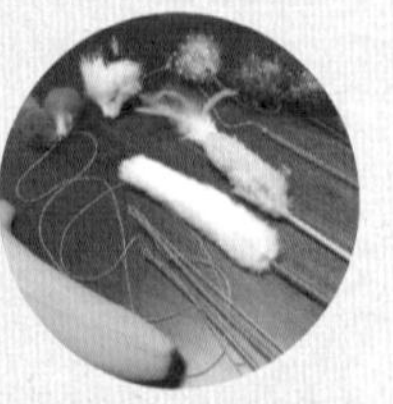

小鳥的羽毛或者是毛線球。會對哪一個玩具有反應全憑貓咪的心情。如果能夠多準備幾支逗貓棒那更好。

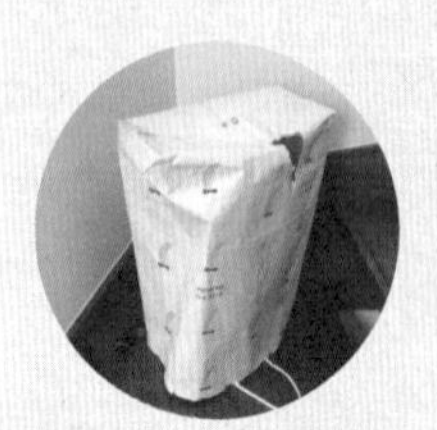

對貓咪來說，沒有比會發出沙沙聲的紙袋還要棒的玩具了，而且還可以躲在裡面呢（雖然尾巴會露出來）。

貓咪也喜歡觸感舒適的玩偶喔。翻滾玩耍，累了就躺在上面當枕頭，直接呼呼大睡。

像蝴蝶結般下垂的部分會聯想到小鳥的尾巴，所以貓咪會很喜歡。不規則甩動可以玩得更開心喔。

瓦楞紙箱是最基本的玩具。只要有空箱，總之先鑽進去再說。這就是貓咪的本性。好舒服喔～♪

最近市面上有貓咪專用的隧道。不僅會發出沙沙聲，而且裡頭還暗暗的，越玩越興奮！

身體柔軟的貓咪可以鑽進像這樣的桶子裡。與其說是貓咪的，不如說是飼主的玩具。

用包包玩躲貓貓。助跑之後整個鑽到裡面的遊戲似乎也不錯呢。怎麼尾巴又露出來了？

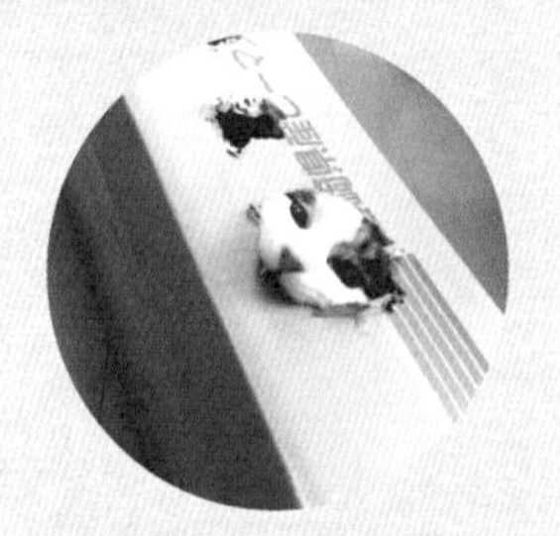

貓咪最喜歡瓦楞紙箱了，所以幫牠們挖了一個可以露出臉來的大洞，沒想到大家玩得不亦樂乎，實在是太有趣了！

胖貓鑽進隧道玩具裡整個爆滿。雖然很擠，但也算是一種運動。

🐾 遇到討厭貓咪的人會靠過去嗎？

太黏貓咪的話會惹貓厭？

我們家的貓咪警戒心非常高，有時候我那些愛貓的女性朋友會帶男朋友到我們家玩，可是我發現家裡的貓咪並不會去找女性朋友，反而喜歡坐在和貓咪保持一段距離的那位男性朋友身旁。貓咪是不是覺得跟對自己沒有什麼興趣的人在一起比較安心呢？

還是說如果要讓貓咪喜歡你的話，與牠們保持一段距離會比較好呢？我真的很喜歡貓咪，而且常常抱貓咪或者是聞聞牠們身上的味道，但是現在擔心太常這麼做的話，牠們會不會討厭我呢？

有時候無視反而會讓貓咪靠過來

貓咪會靠近無視於牠存在的人？以此為主題的實驗無論日本國內外都有人在進行，但是真相依舊不明。不過貓咪似乎看得出哪些人對自己沒有興趣。

調查貓咪的時候，有些貓咪會因為對我們抱持警戒心而不肯出來。就連飼主也會對我們說「不要理牠們，只要裝出不是來這裡調查的樣子，說不定牠們就會跑出來」。當我們按照飼主所說的假裝忘記時，貓咪就真的跑到我們身邊來了。

貓咪不會靠近討厭自己的人。但是對方如果對我們漠不關心的話，我們反而會好奇地跑過去看他呢。

不喜歡的聲音是這個

儘量不要在貓咪身旁使用會發出噪音的家電用品，例如吸塵器、大門門鈴還有吹風機。貓咪的睡床也儘量不要放在電視機旁，最好是擺在安靜的地方。

貓咪是不是討厭門鈴還有手機聲呢？

我的老家貓狗都有養。狗的話是幾乎不為所動，但是貓咪的話只要稍微有一點聲音，就會當場嚇得跳起來，落荒而逃。

尤其牠似乎特別討厭門鈴聲，明明睡得很熟，聽到門鈴聲之後雖然照樣睡，但是身體就是會抖一下。還有手機的鈴聲牠好像也不太喜歡。

是不是每一隻貓都這個樣子呀？還是說我們家的貓咪特別膽小呢？

人類認為普通的聲音貓咪也可能會感到不適

不少貓咪討厭門鈴聲，有的甚至會因此躲到鞋櫃裡。貓咪耳朵非常靈敏，不管聲音有多小，有時候還是會對牠們造成壓力的。

另外，有時候那種聲音會讓牠們想起討厭的事。萬一貓咪曾經歷過門鈴響了↓不認識的人來了↓留下害怕的記憶這方面的體驗，那麼光是聽到那種聲音心情就會變差。

另外，人類打噴嚏的聲音、貓咪悲痛的叫聲（就算人類聽來沒有什麼不同），還有小孩子大叫的聲音，這些應該都會讓貓咪聽了不舒服。

所以貓咪在旁邊的時候儘量不要大聲打噴嚏，因為突如其來的巨響會嚇到貓咪的～。

不需助跑的奮力一跳

老家的小太郎
好重…
肥胖的體型
原本以為牠
跳
毫無運動神經可言
噗嗯喵…
沒想到有時反而會興奮地跳起來
喔！你跳得起來呀！

就算是肥胖的貓咪也可以奮力一跳嗎？

我身邊的貓咪不管體型如何，個個都非常會跳，不是跳上高度超過貓咪身體好幾倍的貓跳台，還是直接從地板跳到沙發椅背上。而且牠們還不需助跑就能夠跳到窗簾上。有時候看貓咪在發呆，就突然大聲嚇牠，沒想到牠們竟然當場跳起來，有時還會跟螃蟹一樣，一邊橫著走路，一邊橫著跳呢。

為什麼貓咪彈跳力這麼強呢？明明在家生活用不到呀……。

不管貓咪個性有多慵懶跳躍能力絕對一流

平常看似慵懶的貓，原本是會狩獵的動物。牠們會屏氣凝神埋伏在旁，瞬間捕捉獵物。尤其是牠們的腳非常有力，能夠跳到超出自己的身高好幾倍的高度。

就算變成家貓，在環境安全、飲食滿足的環境之下生活，狩獵本能並不會因此而抹滅。因為玩玩具還有在家具跳上跳下等行為都是每日的訓練課程。正因如此，牠們才有辦法在驚嚇的時候，或者是遇到突發狀況時一躍而上。

別看貓咪好像常常在發呆，平常生活的時候我們可是隨時都在鍛鍊體力呢。所以提到跳躍，我們可是非常有自信的喔。

開心時會頓時倒下

只要與貓咪對到眼牠就會倒在身旁撒嬌

我們家貓咪的個性本來很怕生，剛開始連我也沒有辦法靠近牠。可是過了好幾個月之後變得敢跟我四目對視。曾經聽說動物之間若是「對到眼＝威嚇、攻擊的信號」，但是我們家的情況好像不是這樣，這算好事嗎？

還有一個讓我非常好奇的舉動。最近貓咪經常一邊發出撒嬌聲，一邊走到我旁邊來，然後突然倒下來，之後又翻肚扭來扭去，牠到底想要說什麼呢？

這是表示「陪我玩」還有善意的信號

人們會透過眼神來溝通，但是動物之間如果對上眼的話，卻是威嚇的信號。當作寵物飼養的貓咪眼神本來也具有威嚇的作用，不過為了配合人類而容許用眼神來溝通。

如果是性情溫和的貓咪，光是對上眼就足以讓牠開心，有時甚至還會把原是要害的肚子朝上翻，在地上打滾呢。

這也是代表對飼主的那份安心感（信賴感）。

對方如果是貓咪信賴的人，對看就是表達愛情的信號。所以不要忘記用滿滿的愛與摸摸抱抱來回應貓咪喔。

column_12

改善問題行為的方法

有耐心一點，用愛來教導貓咪

與人類一起生活的規則吧。

動物的行為出現問題的時候，狗的話可以上教養教室，但是貓卻沒有辦法，因為牠們跟狗不同，不喜歡外出，也需要一段時間才能夠與剛認識的人熟悉。所以貓咪的行為如果出現問題的話，負責解決就是飼主的工作了。

最常見的應該就是在別的地方亂上廁所。有些貓咪是為了抗議廁所髒了，這時候記得要將貓廁所打掃乾淨。另外，重新調教（P110）也能夠有效解決貓咪亂上廁所這個問題。

再來就是到處亂抓的問題。如果貓咪會抓沙發，就用貓抓板來保護沙發。記得撒些木天蓼粉，利用貓抓板來提高「這個比較好」的注意力。

若是毫無緣由地焦慮，有可能是室溫讓貓咪覺得不適，或者是廁所髒了，所以要找出原因，並且解決問題。而陪貓咪玩玩具，或者是摸摸、抱抱貓咪，也能夠安撫貓咪的情緒喔。

瞪大眼睛，嘴巴半開

聞一聞味道之後有時會臉色大變！

我們家的貓咪習慣去聞一些奇怪的味道，例如男朋友的襪子。當牠認真地把鼻子貼在襪子上面聞的時候，不知道為什麼，聞了之後竟然一臉目瞪口呆。

要描述牠那時候的表情，就是瞳孔張開，嘴唇下垂，嘴巴半開，一臉失魂的樣子，害我忍不住哈哈大笑。牠就這樣嘴巴開開地停頓了數十秒，究竟是為什麼會有這樣的行為呢？

這是察覺費洛蒙的裂唇嗅反應

貓咪的嗅覺非常靈敏，能夠聞到人類聞不到的味道。一旦聞到令人好奇的味道，貓咪的嘴巴就會半開，並且用喉嚨深處的器官來感受氣味，這叫做「裂唇嗅反應」（flehmen response）。而這個時候的貓咪臉上會露出無法形容、幽默又可愛的表情，不過這可是貓咪之間察覺到性費洛蒙的重要反應。而且有些貓咪還會對人類的體臭，時而對自己的身體與屎尿氣味做出同樣的反應呢。

這是貓咪為了用口腔內部的器官來嗅聞讓人好奇的味道，所以表情才會變成這個樣子的。既然牠們是認真的，恥笑的話可是會讓貓咪不開心喔。

貓抓板的功效

磨爪是貓咪為了生存非做不可的行為之一，所以要為牠們準備貓抓板。若是有不希望牠們抓的地方，那就貼上一張防抓貼紙來應對吧。

貓咪在磨爪的時候為何一臉得意呢？

為貓咪準備了好幾個專用的貓抓板之後，終於成功阻止貓咪在家裡到處亂抓。以前除了牆壁跟柱子，就連沙發也逃不了貓咪的魔掌，真的很傷腦筋。

磨爪對貓咪來說似乎是一件非常痛快的事，看牠們常常非常熱衷而且認真地抓。難道除了磨爪，還有其他目的嗎？因為朋友家養了三隻貓咪，而且聽說個性比較倔強的那隻公貓，會刻意在其他公貓面前炫耀牠磨爪的樣子……。

磨爪可以用來展現自我或者是轉換心情

磨爪可以去除老舊的爪殼，而且還能夠避免爪子過長。

如果是貓科以外的動物，則有主張勢力範圍的用意。而站起後腳，在高處留下抓痕通常是為了炫耀自己「我的身體有這麼大喔」。有的貓咪甚至會故意磨爪子給其他貓咪看，以展示自己的優越。

此外，磨爪還有壓抑興奮的情緒、紓解壓力與轉換心情等心理效果呢。

自我主張非常強烈的貓咪有時會長時間磨爪。所以當貓咪在專心磨爪時，就不要理會，任由牠們去吧。

手足之間習慣也會類似嗎？

明明是同一胎為什麼個性不像呢？

我養的貓咪還有其他兄弟姊妹。同一胎生下來的貓咪有公有母，每一隻都有人認養，而且過得非常幸福。大家都住在附近，所以有時候會互相交換貓咪的資訊。

我們家的貓咪跟另外兩隻是虎斑，外表看起來比較像，但是問了其他認養人之後，發現牠們個性截然不同。聽說那兩隻非常怕生，但是我們家的貓咪卻是看到人就會翻肚撒嬌。就算是兄弟姊妹，個性也未必會一樣，是嗎？

除了遺傳因素，成長環境也非常重要

貓咪手足間個性相似的可能性，應該遠勝於毫無血緣關係的貓咪。

不過就算是同一胎生下的貓咪，爸爸卻未必會一樣。因為母貓會同時懷上不只一隻公貓的孩子。所以同一胎貓咪彼此的個性，有時反而比那些不會多次受精的動物還不像。

另外，經驗與環境說不定也會影響到貓咪的性格。兄弟姊妹之間會因為力氣的大小而產生優劣（順位），再加上每隻貓的經驗又有所不同，所以有時才會出現不一樣的個性。

貓咪出生之後，個性會隨著累積的經驗而改變，所以要好好找尋適合每一隻貓的應對方式喔！

有趣的影片與我們家的貓

貓咪為什麼不會做出有趣影片中的行為呢？

我常在看跟貓咪有關的影片，但是會懷疑那些都是真的嗎？像是衝進小盒子裡，或者是在地板上畫個圓圈就會跑進去（網路上稱為「貓圈」），甚至被小黃瓜嚇到跳起來，我很喜歡看這些有趣的貓咪影片。

因為好奇，所以前幾天我讓我們家的貓咪試了一下「貓圈」。可是牠卻因為疑心病過重而不肯進入圈圈裡，就連小黃瓜也是看了都沒有任何反應。

這些反應跟習性是不是每隻貓都不一樣呀？

貓咪所有行為都有理由培養出觀察的眼力吧

貓咪那些看在人們眼裡非常有趣的行為其實都和貓咪的生態息息相關，而且是生存的必備能力。包括我們人類在內，所有的動物都必須進化成適合該環境與生態的心靈、身體與習性。

那些在網路上引起話題的影片除了有趣，還有可能是因為「罕見」才會成為話題，既然如此，自己的貓咪當然未必會出現一樣的行為。所以在欣賞影片的時候，心裡只要這麼想就好了。

貓咪是很認真的。不過話說回來，你們人類的行為，有時候看在我們貓眼裡也是非常滑稽的喔。

column_13

為何建議完全室內飼養

不管是什麼樣的房子，只要跟飼主一起

對貓咪來說就是幸福。

Q　貓咪這輩子都被關在家裡會不會很可憐呀？

A　家裡會成為牠的勢力範圍，反而更安心。
加上牠們又喜歡自己玩，所以不會無聊的。

Q　室內飼養的好處是？

A　避免貓咪發生意外、受傷、傳染到疾病，以及迷路回不了家。

Q　如何布置一個讓貓咪過得舒適的房間？

A　有個可以跳上跳下的高低差牠們會更開心。
貓跳台也不錯。

關於室內飼養的Q&A

Q　對貓咪來講危險的東西是？

A　電線、瓦斯爐等。
浴缸也不要事先注滿水，這樣會比較安心。

Q　既然貓咪不外出，那還要打預防針嗎？

A　小貓每年施打兩次，成貓每年施打是基本原則。

Q　如果要在租屋飼養，需要注意哪些地方呢？

A　要選擇可以飼養寵物的租屋處。
而且退租時恢復原狀等義務事項也要事先確認。

不要錯過

充滿愛的信號喔

第 5 章

來自「CAMP-NYAN」的報告！

貓咪研究落後的原因

人類對於貓咪的心理了解多少了呢？

因為太喜歡貓了，所以看了一堆與貓咪有關的書，但是卻發現貓咪這種動物依舊充滿謎題。

例如貓咪的心情。原本以為牠就是要躲起來獨處，沒想到有時候一回到房間，牠就跳到我的膝蓋上。我是覺得貓咪其實也是有喜怒哀樂還有基本的性格，不過牠們「任性」、「我行我素」的行為非常多，根本就不知道牠們心裡在想什麼。

既然如此，最新的研究究竟闡明了多少與貓咪的心情與生態有關的內容呢？

貓咪的研究值得拭目以待

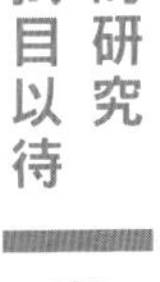

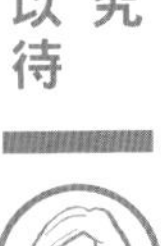

與其他動物相比，貓咪的研究顯得落後，而最大的因素，就在於貓咪的個性與習性。

動物心理學在進行研究的時候，絕大多數都會利用食物，但是貓咪並不會為了吃而有所動，所以這個方法根本行不通。加上這些實驗通常都要將貓咪帶到陌生的地方，在陌生人的環繞之下進行，就貓咪的個性而言，真的是讓人處處碰壁。

所以最近的實驗方法可說是竭盡心思，好讓研究能夠順利進行。

看來大家對貓還是不夠了解，是吧？但是希望飼主過得幸福是不容置疑的事喔！

未來貓咪會更親人？

最近的貓咪還滿親人的耶。
我小時候養的貓咪可不是這個樣子喔。
哼
因為有一半是浪貓。
啪！
就算是家貓，看到小鳥與老鼠也會立刻跳上去抓，真的充滿野性。
咦～！
只要再經過幾代，將來說不定個性會變得更加親人呢。
還能試著牽手看看
雖然現在這個樣子也很可愛啦。

室內飼養的貓咪越普遍貓咪會不會更親人呢？

我喜歡的是貓咪的隨心所欲，還有提不起勁就懶得動的任性。不過聽說有的貓咪個性跟狗一樣親人，有的甚至丟球出去還會幫你撿回來。難不成貓咪也開始配合人類改變了嗎？

今後若是完全飼養在室內的情況越來越普遍，貓咪與飼主的關係越來越親密的話，這樣貓咪會不會跟狗一樣，以更淺顯易懂的方式表達出情緒，同時也變得更加親人呢？

家貓應該會變得更加親人

與野生種的「山貓」相比，現在當作寵物飼養的貓咪其實已經溫馴許多。有時還會在貓咪秀當中看到不少經過調教的貓咪，簡直跟狗一樣聽話。

今後貓咪寵物化的情況如果有所進展，讓親人的貓咪交配的話，說不定會生出個性跟狗一樣的貓咪呢。另一方面，浪貓則是會脫離人類的社會，與充滿野性的貓咪同伴繁殖……。所以將來日本的貓咪搞不好會出現差距甚大的兩極化。

雖然有人說貓咪的魅力在於即便是寵物依舊保有野性，不過有些貓咪在與人類生活的過程當中性格卻會改變呢。

🐾 貓咪也懂得預測

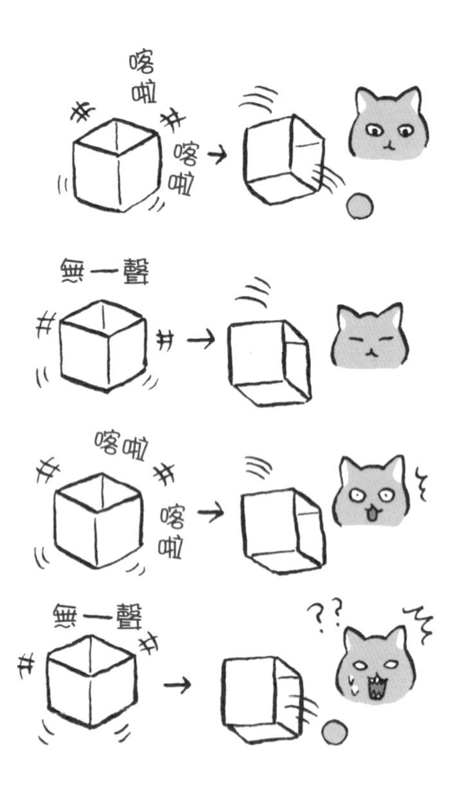

雖說明白物理法則，但是貓咪卻無法傳遞出來。而上面的插圖是當貓咪在看到球與箱子違反物理法則時所出現的反應。

狗看了魔術會嚇一跳但是貓咪卻毫無反應！

我在電視上看過狗一直盯著魔術看的影片。當應該在魔術師手上的零食不見，或者是原本在右手的零食跑到左手時，狗看了之後通常都會歪頭，露出不可思議的樣子。

我曾經拿著飼料試著對家裡的貓咪變簡單的魔術，但牠卻視若無睹，根本就不理我。一般來講，東西如果和變魔術一樣從意想不到的地方跑出來的話，貓咪是否會因此而嚇一跳呢？

貓咪也有推論能力喔！

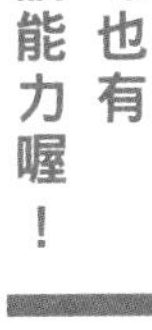

「看到理應在手上的東西不見而嚇一跳」的反應，代表腦子裡已經理解到物理法則。其實貓咪也能夠理解這一點。

我們曾經做了一個實驗，在盒子裡裝一顆球，並且在貓咪面前搖一搖，讓牠看看有聲音／沒聲音，之後盒子倒過來，球掉了／沒有掉這四種現象。結果盒子搖了有聲音，但是卻沒有球掉出來，以及明明沒有聲音，但是卻有球掉出來這兩種違反自然的現象，貓咪會因此一直盯著盒子看。可見牠們應該對與預測不同的情況感到驚訝。

表演魔術給貓咪看的時候，聲音儘量不要太大喔。但是不會嚇到貓咪的魔術就OK！

column_14

貓咪心理學研究的最前線！

貓咪頗受矚目的謎樣心理

已經開始一一闡明了

本書的監修者藤田和生教授的專業領域是心理學中的「比較認知科學」，這是一門經由實驗與觀察來闡明動物心理機制的學問。在這個研究室當中專門研究貓咪的團隊是CAMP-NYAN。這個舉世無雙的研究內容頗受矚目。

現在的成員除了教授，其餘全都是女性。平常以「調查貓咪」為名出沒在貓咖啡廳，或者在有養貓咪的家庭進行實驗。有的成員甚至還跑到「貓島」調查生態。

雖說在進行實驗與調查，但是絕對不會進行解剖或打針等會讓貓咪感到痛苦的事情，這是醫師進行這項研究計畫的宗旨。CAMP-NYAN是透過人道而且手法嶄新的實驗進行最先進的貓咪心理研究，但是未知的事情依舊堆積如山。雖然貓咪的心理遠比我們想像的還要複雜，但是在這番研究之下，應該會漸漸釐清。

貓咪記性好嗎？

在貓咪面前
準備了4個盤子……
①
有飼料的盤子
③
放了不是食物的盤子
髮夾
②
有飼料的盤子
④
空盤子
貓咪和飼主一起看每一個盤子裡放了什麼東西
貓咪成功地吃到盤子①的飼料
②的飼料因為飼主擋住說「不能吃」所以沒有吃到
15分鐘後……
讓貓咪回到剛剛的房間結果貓咪走向②的盤子
牠是不是記得剛剛沒有吃到的那盤飼料呀？

貓咪會馬上忘記，還是會牢記在心？

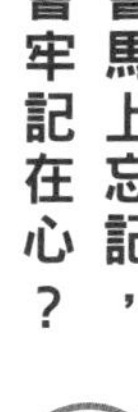

曾經聽說貓咪記憶力很差，但我覺得我們家的貓咪就算自己看家好幾天也不會忘記我，而且我還發現老家的貓咪即使好幾個月都沒有看到我，也還是記得我。

不僅如此，貓咪還不會靠近曾經歷過從高處跌下來這個恐怖體驗的地方，而且對牠們惡作劇的話，有段時間還會心情不好呢。

貓咪的記憶力到底好不好呢？如果不錯的話，牠們記下的都是什麼樣的事呢？

貓咪也會有回憶喔

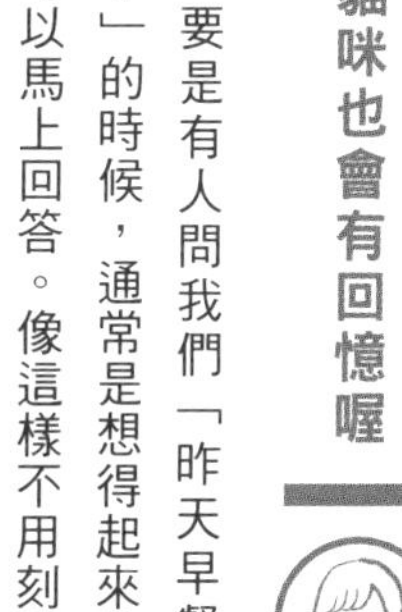

要是有人問我們「昨天早餐吃了什麼？」的時候，通常是想得起來的，而且還可以馬上回答。像這樣不用刻意記住的記憶，也就是相當於「回憶」的記憶其實貓咪也有。

當我們在進行像右頁這個實驗的時候，貓咪會覺得「自己之前吃剩的盤子裡頭應該還有飼料」，所以會一直找尋吃剩的盤子。

由此可見貓咪其實也是有回憶的，說不定牠們有時還會沉浸在回憶之中呢。

也就是說，貓咪也是會回憶過去的，所以非常容易對擁有共同快樂記憶的人懷有愛意喔。

貓咪喜歡的音樂

我們已經知道貓咪喜歡的音樂會隨著心音的速度而改變。今後只要貓咪對音樂喜好這方面的研究有所進展，這樣牠們看家的時候說不定會過得更舒適呢。

有沒有貓咪聽了會得到療癒的音樂呢？

我們家的貓咪非常喜歡看小鳥或小動物到處奔跑、適合「貓咪觀賞的影片」。只要看到那些沒有規律的動作，或者是小鳥振翅的模樣，牠們就會忍不住伸手（前腳）去抓。既然如此，有沒有讓貓咪聽了心情舒暢的聲音或音樂呢？

我經常在家中聽音樂，不過貓咪大多沒有反應，有時甚至會走出房間，難道是因為牠不喜歡我聽的音樂嗎？有沒有什麼音樂或是聲音，貓聽了會感到療癒的呢？

有貓咪專用的音樂而且牠們似乎也愛聽

其實2016年英國曾經發行貓咪專用的音樂「Music for Cats」。這個音樂是貓咪研究家與音樂家攜手合作，並且配合會讓貓咪產生反應的聲音作曲製成的。例如貓咪喉嚨發出的咕嚕聲、鳥叫聲，以及吸吮母乳的聲音通通都收錄在內。

分別用兩個音響播放出這個貓咪專用的音樂與一般的音樂時，發現放出貓咪專用音樂這一邊的音響能夠迅速吸引較多貓咪聚集，可說是會受到貓咪注意的音樂。

在家裡放音樂的時候要記得站在貓咪的立場選曲子喔。
像是那些鳥叫聲聽在人類耳裡，是不是也格外療癒呢？

貓咪懂得數數嗎？

有人說，母貓在管理孩子的時候怕有疏漏，照理說應該懂得一隻、兩隻、三隻⋯⋯之類的「數字」。

貓咪懂得數數嗎？

前幾天我在網路上看到一隻會數數的小狗影片。當飼主說「4」的時候，小狗叫了四次，給牠看「20」這張卡片的時候，牠叫了二十次。這隻狗有可能是經過特別訓練，那麼貓咪會不會數數呢？

像是母貓在照顧自己的孩子的時候應該要數一下隻數，選擇飼料時，至少也會選擇比較多的那一邊，那麼就現實而言，貓咪到底能不能辨識數目（或分量）呢？

似乎能大致分辨分量多寡

很可惜，人類到現在還是無法確定貓咪到底會不會數數，不過牠們似乎懂得區分簡單的數量。

曾經有個實驗讓貓咪看過不同分量的飼料，後來得到的結果是：大多數都會選擇分量多的那一邊。不過牠們可以分辨的是1：3或1：4這種差距較大的分量，像是2：3或3：4這種差距不大的分量就不一定了。不過只要經過訓練，像2與3這種微妙的差異也看得出來喔。

貓咪也可以利用目測判斷數量喔。所以那些貪吃的貓咪說不定會發現飯的分量變少了呢！

貓咪的育兒故事

生了呀！
好可愛呢，有四隻喔。
媽媽真辛苦呢。
貓爸爸呢？
是現代流行的奶爸嗎？
像這樣～
牠沒有自覺
走囉
跟奶爸還差得遠呢
一副沒牠的事。

貓咪有沒有像人類一樣有所謂的奶爸呢？

有機會自由繁殖的浪貓究竟是如何把孩子養大的呢？在人類這個世界裡積極參與育兒的奶爸變多了，不知道在貓咪的世界裡又是如何？

哺乳是母貓的工作，不過公貓是不是也能夠靠著氣味等來辨識「這個是我的孩子」，然後待在身旁照顧呢？

說到這，我想到我朋友家的貓咪生了小貓，母貓是發揮了母愛在照顧小貓，但是公貓卻一副漠不關心的樣子。

很可惜，沒有奶爸到貓咖啡廳或許會有

基本上貓咪是一種在自己的勢力範圍內生活的動物。如果是浪貓的話，母貓的近親會聚集在一起，組成一個守護食物來源地的團體。而在這個範圍內出生的公貓長大之後就會離開團體，遠征到別的地方交配，留下後代。公貓會四處流浪，尋找母貓，並不會幫忙育兒，所以不會認識到自己的孩子，這是哺乳類領域常有的事。這麼做，是為了避免近親交配。

不過飼養的貓就另當別論了。而且聽說有人曾經在貓咖啡廳裡看到會育兒的奶爸呢！

公貓基本上是不參與育兒工作的。但是如果是飼養在室內的公貓，有時還是會出現奶爸的，視貓咪的個性還有所處的環境而異。

貓咪其實是很棒的動物？

狗雖然可愛，不過貓咪也討人喜歡，是吧？
呵呵
因為妳，我也愛上貓咪了。
抱緊
你儂我儂
低調的要求
吃飯吃飯吃飯
……
吃飯吃飯吃飯
吃飯吃飯吃飯
愛乾淨
咚——
還有傲嬌……
跟一看就懂的狗完全不一樣!!
當然狗也很可愛啦
貓咪受全世界喜愛的理由
我終於明白了！

本來是屬於愛狗派的我最近迷上了貓咪

我本來是屬於狗派，因為照顧女友養的貓咪，讓我發現貓咪其實也很可愛。

狗的話因為是用全身在表現喜怒哀樂，所以可以明確知道牠們心裡在想什麼，這一點確實很可愛，但是從貓咪沉靜的表現，以及不肯坦率地過來撒嬌、難以捉摸的個性，卻能夠感受到跟人一樣的笨拙可愛。

再加上牠們愛乾淨，對於「清潔」非常有原則這一點令人十分佩服。坦白說，貓咪是非常棒的動物，對吧？

貓咪是自古以來就深受人們疼愛的動物

貓咪自古以來就是人們崇拜的神明使者。閃閃發亮的眼睛，再加上表情肌肉並不發達，難以看出心中想法，因而成為看似非常神聖的理由。就算外表冷酷神祕，但是根據研究，我們知道牠們的內心世界其實是非常豐富的，而且這一點已經漸漸得到研究證實。

這樣的魅力，連平安時代的天皇也不禁為之著迷。天皇曾經在日記裡留下了「飼養的黑貓美如龍」等文字。可見神祕又美麗的貓咪果然是最棒的。

常聽人家說即使是原先對貓沒有興趣的人，只要養了貓也會著迷！既然如此，那就好好享受這段有貓咪陪伴、觀察貓咪的生活喔！

「真的是這樣」超有趣的

喵～語辭典

彙整了喜歡貓咪的人大有同感，
而且意外鮮為人知的貓咪習性，
一定會讓你忍不住噗哧一笑的！

＊有些用語是日本的說法

有趣的動作

【嗯嗯暴衝（解便嗨）】

用力地把大便拉出來之後，貓咪會突然猛烈地暴衝。有人說這是因為牠們要重新整理上廁所時毫無防備的姿勢，也有人說是為了要遮掩異味，或是因為身體變輕了才如此。真正的目的只有貓咪才知道……。

【下巴水】

當貓咪喝完碗裡的水，一抬頭……下巴竟然濕答答的。這就是下巴水。不太會喝水的貓咪下巴常常這個樣子。

【忘記收舌】

貓咪非常愛乾淨，常常會將身上的灰塵或者是污垢舔乾淨（舔毛，grooming），不過有的貓咪卻因為太認真而忘記把舌頭收回來。吐舌的模樣真的很有趣，讓人看了忍不住哈哈大笑。這時候不妨輕摸貓咪的舌頭，對牠們說「哎呀，舌頭跑出來了」，看牠們慌張縮回舌頭的模樣也很有趣。

【頭頂撞撞】

貓咪會把頭頂向人的身體或者是磨蹭，這是「我最喜歡你」的愛情表現。當這份愛情整個擴大至極限時，牠們就會把頭整個朝你撞去。

【撥空氣砂】

上完廁所之後撥貓砂蓋住屎尿氣味是貓咪的習性。不過貓咪也會在貓廁所內側牆面或者是貓砂盆邊緣等，沒有貓砂的地方做出撥砂動作，這就是「撥空氣砂」，對撥砂可是很投入呢。

【翹屁搖搖】

鎖定獵物，準備跳起撲抓之前貓咪會用力扭甩屁股，大家不妨拿著逗貓棒試看看。對貓咪來說，這是一決勝負的認真時刻，但是看在人類眼裡卻可愛得不得了！

【貓拳】

貓咪的鎖骨構造特殊，能夠靈活地活動前腳。相對地，沒有鎖骨的狗就不能施展貓拳，也不能爬樹。

【倒地（裝死）】

與人對上眼時，貓咪若是突然倒下，就代表牠要你「一起玩」。有些愛撒嬌的貓咪甚至會直接仰躺，而且不斷地扭動身體，非常激烈地想要纏著你。

【抱頭睡覺】

貓咪在睡覺的時候，有時會前腳交叉，緊緊抱著頭。這種情況不知道是因為太亮還是為什麼，理由不明，反正很可愛就是了。

【嗅嗅】

貓咪對有興趣的東西會從頭到尾聞到底。而有些愛貓的人會把貓咪聞東西時發出的聲音稱為「嗅嗅」。只要手指悄悄靠近鼻尖，貓咪就會做出嗅嗅的動作喔（如果牠心情好的話）。

【貓踢】

用前腳緊緊抱住對方，然後直接用後腳猛踢來跟你問候……！這就是貓踢。貓咪的後腳非常有力，可以跳到比自己的身體高出好幾倍的高度，所以這個踢力是不容小覷的。手臂要是不小心被貓腳踢到，那可是會痛得要命！

花紋

【粉彩三毛】

三毛貓是以白色為底，同時混雜著茶色與黑色的貓。茶色與黑色這兩種顏色的毛如果較淡，那就是粉彩三毛。整體色調相當柔和，真的很可愛。

【八字鼻】

從額頭到鼻梁的毛呈現白色的花紋。感覺像是打破的碗，但又像「八」這個字，所以稱為「八字鼻」，以白×黑的八字鼻最常見。

【鼻屎貓】

黑色圓點花紋出現在鼻子旁，看起來像鼻屎。

【天使之印】

黑貓身體只有一部分是白色的，這就是「天使之印」。傳聞只有神明摸過的地方才會變白。

【假髮】

白貓身上有時候會出現黑色花紋。如果是在耳朵之間像假髮一樣的小小一撮毛，那就叫做「假髮」。

【手套・襪子】

只有黑貓的腳尖部分呈白色的地方。前腳的話是「手套」，後腳的話是「襪子」。貓咪的身體有個法則，那就是會從背部開始著色，唯有腳部顏色到不了，所以才會變成白色。

愛貓人士的用語

【櫻花耳】

耳朵尾端剪成櫻花花瓣的形狀。這是日本貓咪「已經結紮」的記號，以免又被抓去重複結紮（在台灣公貓剪左耳，母貓剪右耳）。

【國際貓日】

2002年8月8日世界成立了「國際貓日」。日本以「喵·喵·喵」這個諧音，每逢2月22日就會盛大慶祝（台灣貓節是在4月4日，1995年訂立）。

【貓中途】

在找到新的認養家庭之前，有些人會暫時收容動物保護團體等組織救助的貓，這些志工就稱為貓中途。而收容尚在哺乳期的幼貓，幫忙餵奶照顧的志工有時會稱為「奶貓中途」。

【星期屁】

日文的星期一是月曜日，「月」和屁股的發音接近。意思是藍色星期一只要看到貓咪可愛的屁股，就能夠提起精神，這個禮拜也要好好努力！

有些人在與這些收容的貓咪一起玩過之後，還會將有緣而且合得來的貓咪帶回家養呢。

【踏踏星期五】

這個禮拜辛苦了。比起超值星期五，不如直接回家跟愛踏踏的貓咪一起玩逗貓棒，擁有一個「踏踏星期五」還比較開心呢！

【貓拍拍】

貓咪有時候會躲在汽車引擎夾縫、輪胎之間，或者是車子底下，所以開車前要先拍拍引擎蓋讓貓咪有時間逃出來，這就是貓拍拍，是愛貓人士的基本常識。

【貓咪中途咖啡廳】

一邊喝茶一邊享受有貓咪陪伴這個樂趣的熱門「咖啡廳」。而專門收容棄貓或者是救助貓咪的是貓咪中途咖啡廳。

貓咪喜歡的東西

上還有條狀與軟管狀等商品，種類相當多樣。這樣的飲食樂趣對貓咪的腦部可以產生不錯的刺激喔。

【零食】

掀起一陣風潮的就是稻葉寵物食品株式會社的「CIAO啾嚕肉泥」。這是一種口味選擇豐富的液狀零食。另外市面

【貓罐】

貓咪專用的濕食做成的罐頭。不少飼主會以價格較低、保存期限較久的乾飼料為主，不過偶爾也餵貓咪吃貓罐吧。許多貓咪非常期待罐頭一打開的「喀」這個聲音。最近市面上也有推出調理包式的濕食，不過貓罐才是貓咪心中的憧憬。

【貓醉成分】

木天蓼所含的成分會讓貓咪出現陶醉的恍神狀態，這就是貓醉成分。奇異果的葉片與樹枝也有這樣的成分。

【乾乾】

貓咪的主食非乾飼料莫屬，俗稱乾乾，是一種綜合營養食品，只要搭配大量而且新鮮的水，就能夠維持均衡的營養。市面上還有小顆粒的高齡貓專用飼料，以及與泌尿疾病有關的配方飼料，要依據貓咪年齡層與健康狀態選擇最適合的種類。

【踢踢玩偶】

貓咪專用玩偶。形狀細長，可以用前腳抱住，後腳猛踢。而加了木天蓼的玩偶更是搶手。

加分萌點

【窸窣窸窣】

貓咪的舌頭表面非常粗糙。牠們整理毛髮的時候也會用到舌頭，這時候注意聽聽看有沒有窸窣聲喔！

【狸貓尾】

貓咪氣到炸的時候尾巴的毛會整個豎起來，跟狸貓的尾巴一樣蓬鬆。

【ω】

用來表示貓咪嘴形或者是公貓蛋蛋的符號。沒有什麼特別的唸法，網路常用語。

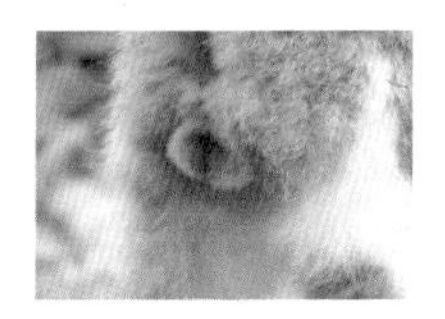

【飛機耳（花枝耳）】

當貓咪察覺到氣氛不尋常，進入警戒狀態的時候，耳朵會整個朝兩邊平貼。這個樣子非常像花枝鰭，所以在日本又稱為花枝耳（請參照P102）。

【露獠牙】

肉食動物獨有的尖銳獠牙。遇到危機時刻會露出獠牙，威嚇對方，有時還會奮力一咬。獠牙平常都藏在嘴巴裡，但有時候因為臉部角度不同，偶爾還是瞄到微露的獠牙。

睡相・姿勢

【香盒坐姿】

香盒原本是放香木的盒子。而貓咪靈活地將前腳與後腳往內折，藏在肚子底下的坐法就稱為香盒坐姿或折手手坐。英文是catloaf，意指一斤重的麵包塊。

【抱歉睡】

採用貓面貓身這個坐姿之後，將頭整個埋入前腳裡的睡姿稱為抱歉睡。看起來固然可愛，但貓咪可能是因為太亮等而造成壓力，所以要多加留意環境（請參照P56）。

【海螺卷睡】

睡覺時姿勢像古代海洋生物中的菊石，整個身體捲起來，這就是海螺睡。這個睡姿可以保持體溫，天氣寒冷時經常出現（請參照P56）。

【液態】

貓咪的姿勢比貓海參、朝天睡、翻肚還要放鬆的情況稱為液態（請參照P56）。

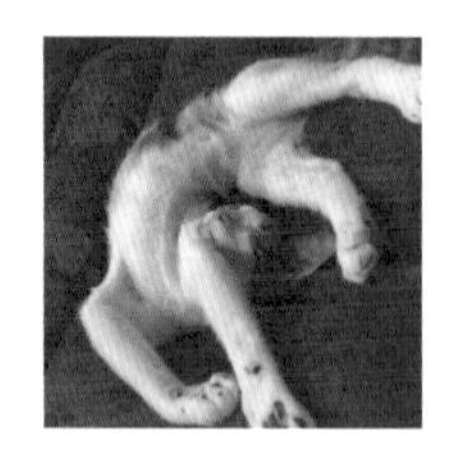

【翻肚睡】

以朝天睡為基本睡姿，後腳整個開開的姿勢，有點像剖片曬乾的竹筴魚乾。這種姿勢的好處就是可以利用增加身體表面積這個方式來散熱取涼，是天氣熱時常見的睡姿。

【扭身睡】

貓咪有時候會利用身體的柔軟度，以扭身的姿勢呼呼大睡。

【朝天睡】

仰躺睡覺的姿勢。是將肚子這個弱點（肚臍）部位朝向天花板，完全鬆懈、毫無防備的睡姿（請參照P56）。

【老頭坐】

蘇格蘭折耳貓這種品種貓經常出現的坐姿。也就是跟貓熊一樣屁股坐在地上，後腳伸直，前腳垂放的模樣。

【貓面貓身坐】

以香盒坐姿為基本，但是前腳伸出的坐姿。前腳整齊並列的時候，看起來真的很像埃及的人面獅身像。

【貓海參】

若說香盒坐姿是正規正矩的姿勢，那麼貓海參的感覺就是一整坨，讓人不禁懷疑「這是海參嗎？」凸顯貓咪獨有的柔軟與彈性的坐法稱為「貓海參」，如果尾巴筆直伸出就稱作為「貓槌之子」（槌之子是日本一種類似蛇的傳說生物）。

跟貓咪玩耍

就會出現各式各樣的影片，例如小鳥、蟲的影像，不管人類看了覺得有多無聊，對貓來說卻是一看就會上癮呢。

【貓毛氈】

貓咪一年會換兩次毛，冬天到夏天一次，夏天到冬天一次。有人以蒐集這些掉落的貓毛，將其戳成毛氈為興趣。這就是貓毛氈。

【貓照失敗大賽】

貓咪的表情變化萬千，不管可愛表情或是有趣的動作往往發生在一瞬間。正當拿起相機，準備按下快門的那一刻，貓咪卻轉過頭去，來不及拍。就算晃動、失焦，那些拍得非常差的照片其實也別有一番韻

【滾滾黏】

清掃貓毛時不可或缺的打掃工具，俗稱「滾滾黏」。可以用來黏取衣服或棉被上的貓毛，黏性變差時如果輕輕地在貓咪身上滾動，有些貓咪會非常開心呢。

【喵IG】

喜歡把貓咪的照片投稿在IG上的興趣。日本IG派熱門的貓咪主題標籤是「#ニャンスタグラム」。如果能夠找到愛貓同伴，可以讓貓咪生活更加豐富有趣！

【貓咪看的影片】

只要在YouTube上搜尋「拍給貓咪看的影片（猫が見る動画）」，

【賓士記號】

只看貓咪的口鼻部（鼻尖到嘴巴之間隆起的部分），會發現幾乎跟賓士車的標記一模一樣！

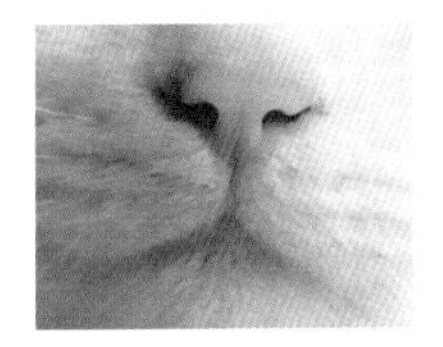

【眼波光】

貓咪的眼睛內部有一個類似反光板的構造，在黑暗之中會閃閃發光。只要微量的光線就能夠反射出好幾倍的光，縱使一片漆黑，還是可以看到貓咪的眼睛（請參照P44）。

味而且很好笑，是拍貓咪照的樂趣之一。在SNS上與大家分享也很好玩。

【貓枕】

與貓咪的關係如果已經非常熟的話，就可以直接把牠的身體當枕頭躺在上面。但是真的躺下去反而會讓貓咪反感，所以適可而止就好。記得好好享受這恰如其分的肌膚之親喔。

【鼻吻】

貓咪之間會彼此碰鼻打招呼。只要利用這個習性，將手指伸向貓咪的鼻子，牠們就會靠過來親你的手指喔。

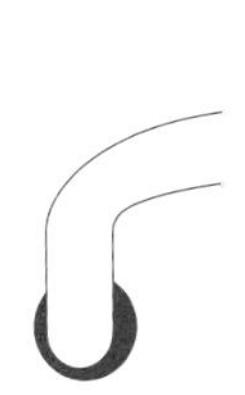

監修者後記

貓咪風潮正來襲！雖然飼養的隻數一直緊追在狗之後，也就是第二名，但是前一陣子貓咪卻奪下了冠軍寶座。貓咪陪伴在忙碌現代人身旁給予溫暖，而牠們自由任性的生活方式，說不定也是引起現代人共鳴（或者說是羡慕？）的原因。

京都大學文學研究科的心理學研究室裡，有一個研究伴侶動物心理機制的團隊，那就是Companion Animal Mind Project，簡稱CAMP。當中以貓咪為研究對象的團隊是CAMP-NYAN。在CAMP當中，從簡單的實驗行為調查，到身為人們重要朋友的貓咪的心理機制（知性、感情、記憶等），都是我們的研究內容。貓咪團隊成立之際，貓咪對於我們準備的東西往往不屑一顧，進展其實不是非常順利。經過不斷地失敗與嘗試之後，貓咪的部分心理機制終於漸漸得到闡明。除了CAMP-NYAN在研究當中得到的結論，這本書還要站在科學的立場來追究貓咪的一些奇特行為。然而不管做了多少研究，增加了多少知識，貓咪依舊是一種不可思議的生物。而貓咪的這份神祕，恐怕只會讓人類更加著迷，無法自拔。貓咪就是越認識反而越不了解的朋友。

即使如此，我們還是對牠們好奇得不得了，不是嗎？

藤田和生

漫畫家後記

我所謂「畫貓咪的訣竅」，

就是不要把貓咪畫得太可愛。

例如臭臉不爽、驕傲不馴、

一臉狡猾、矯情彆扭……。

心情好的時候固然可愛，

但是那種目中無人態度，

才是真正的「貓咪樣」。

這本書捕捉了不少貓咪這種任性的魅力，

以及尚未為人所知的一面，

讓我在畫漫畫還有插圖的時候非常幸福！

貓咪，真的很棒……。

伊藤ハムスター

ITO
HAMSTER

謝謝你
陪在我身旁

今後也要
多多指教喔

內文設計	塩谷洋子
設計輔助	浅野悠（Two half labo.）
插圖・漫畫	伊藤ハムスター
編輯・執筆	木村悦子（ミトシロ書房）
校正	株式会社ぷれす
取材協力	北澤功（獸醫師）
	齋藤慈子（上智大學副教授）

【參考文獻】

イヌとネコの体の不思議（誠文堂新光社）
ねこ色、ねこ模様。（ナツメ社）
ネコ学入門（築地書館）
猫語の教科書–共に暮らすためのやさしい提案（池田書店）
猫語レッスン帖（大泉書店）
猫の毛色&模様 まるわかり100！（学研パブリッシング）

MANGA DE WAKARU NEKO NO SINRIGAKU
Supervised by Kazuo FUJITA
Supervised by CAMP-NYAN

First published in Japan in 2018 by Ikeda Publishing, Co., Ltd.
Traditional Chinese translation rights arranged with
PHP Institute, Inc.

超實用貓咪心理學

健康×習性×日常照顧的貓奴必修課

2019年10月1日初版第一刷發行

監　　修	藤田和生、CAMP-NYAN
譯　　者	何姵儀
編　　輯	曾羽辰
特約美編	鄭佳容
發 行 人	南部裕
發 行 所	台灣東販股份有限公司
	<地址>台北市南京東路4段130號2F-1
	<電話>(02)2577-8878
	<傳真>(02)2577-8896
	<網址>http://www.tohan.com.tw
郵撥帳號	1405049-4
法律顧問	蕭雄淋律師
總 經 銷	聯合發行股份有限公司
	<電話>(02)2917-8022

藤田和生

Fujita Kazuo。京都大學文學研究所心理學研究室教授。專業領域為比較認知科學。京都大學理學部生物系畢業。京都大學理學研究所博士後期課程修畢（專攻動物學）。活力洋溢地領導CAMP-NYAN這支女性團隊，內心溫柔體貼的動物愛好家。

CAMP-NYAN

在利用心理學手法（行為觀察）調查與研究伴侶動物（Companion animal）心理機制的「京都大學CAMP」當中，以貓為對象的研究團隊。主要成員有高木佐保、千々岩眸與荒堀みのり。

國家圖書館出版品預行編目資料

超實用貓咪心理學：健康x習性x日常照顧的貓奴必修課 / 藤田和生, CAMP-NYAN監修；何姵儀譯. -- 初版. -- 臺北市：臺灣東販, 2019.10
192面；11.3×17.3公分
ISBN 978-986-511-134-2(平裝)

1.貓 2.寵物飼養

437.364　　108014606